徹底攻略

試験番号 1Z0-818

Java SE Bronze

[1Z0-818] 対応

問題集

JN026574

志賀 澄人／山岡 敏夫［著］
株式会社ソキウス・ジャパン［編］

インプレス

本書は、Java SE Bronzeの受験対策用の教材です。著者、株式会社インプレスは、本書の使用による同試験への合格を一切保証しません。

本書の内容については正確な記述につとめましたが、著者、株式会社インプレスは本書の内容に基づく試験の結果にも一切責任を負いません。

OracleとJavaは、Oracle Corporation及びその子会社、関連会社の米国及びその他の国における登録商標です。文中の社名、商標名等は各社の商標または登録商標である場合があります。その他、本文中の製品名およびサービス名は、一般に各開発メーカーおよびサービス提供元の商標または登録商標です。なお、本文中には™、®、©は明記していません。

インプレスの書籍ホームページ

書籍の新刊や正誤表など最新情報を随時更新しております。

https://book.impress.co.jp/

はじめに

1996年に登場したJavaは、バージョンが上がるたびに改良が加わり、成長してきました。特にJava SE 9以降は、モジュールシステムをはじめとする重要な機能追加が施され、さらなる進化を続けています。また、半年ごとの定期的なリリースが行われるようになるなど、Java開発者のコミュニティにも変化が起きています。

本書は、Java SE 11認定資格のうち、Oracle Certified Java Programmer, Bronze SE資格を取得するための試験（1Z0-818）を受験される方を対象としています。

この試験は、これからプログラミングを始める初心者を対象に、Java言語の基礎的な知識を問うものです。特定のバージョンに関わる問題は出題されませんが、Javaの特徴から基本的なプログラミングの制御、オブジェクト指向の概念などが出題され、合格のためには基礎的な知識を確実に身につけることが求められます。

私と共著者の山岡氏は、長年の間、Javaをはじめとしたさまざまな技術を教える仕事をしています。これまでの技術者育成の経験を活かし、「理解するための問題と解説」となるよう心がけました。問題はポイントごとに分けて構成しています。何を問うているのか、問題の趣旨を予想してから解くことをお勧めします。解説は、問題ごとではなく、章全体を通して読むことで理解が深まるように構成しています。ぜひ、わからなかった問題の解説だけでなく、その前後の解説も併せて読んでください。

資格は取得することも重要ですが、その過程はもっと重要です。有意義な試験対策の時間を過ごしていただきたいという思いから、初心者だからと情報を省略することはしていません。正解を探す「宝探し」のために問題を解いて終わりにするのではなく、理解するために本書を使っていただければ幸いです。本書が、読者の皆さんのお役に立つことを心から願っております。

最後に、共著者である山岡氏と手厚いサポートをくださったソキウス・ジャパンの皆さんに、この場をお借りしてお礼申し上げます。

志賀 澄人

Java SE 11 認定資格について

　Java SE 11認定資格は、Java開発者を対象とした認定資格です。試験は、2017年9月に発表されたリリースモデルへの移行後初のLTS（Long Term Support）リリースとなった「Java Platform, Standard Edition 11」に対応しています。Java SE 11認定資格を取得することで、Javaプログラマーとして業界標準に準拠した高度なスキルが証明されます。

　資格は、入門レベルから高度なスキルを証明できるプロフェッショナルレベルまで3段階に分かれています（以下の図を参照）。

　旧バージョンからのアップグレードについては、OCJ-P Bronze SE 7/8取得者は、自動的にOCJ-P Bronze SEに認定されます。また、Java SE 6、7、8の認定資格取得者を対象に、OCJ-P Gold SE 11へのアップグレードパスが用意されています。

【Java SE 11 認定資格の種類】

認定資格・対象	試験番号および試験名	受験前提条件
OCJ-P Bronze SE 言語未経験	1Z0-818-JPN Java SE Bronze	なし
OCJ-P Silver SE 11 開発初心者	1Z0-815-JPN Java SE 11 Programmer I	なし
OCJ-P Gold SE 11 中上級者	1Z0-816-JPN Java SE 11 Programmer II	OCJ-P Silver SE 7、8、11
	1Z0-817-JPN Upgrade OCJP Java 6, 7 & 8 to Java SE 11 Developer	OCJ-P 6 OCJ-P Gold SE 7、8

OCJ-P Bronze SE について

　OCJ-P Bronze SEは、プログラミング言語未経験者を対象とした入門レベルの資格です。この資格は、日本でのみ認定されるものです。

　OCJ-P Bronze SEの試験科目「Java SE Bronze」（試験番号：1Z0-818-JPN）では、Java言語とオブジェクト指向に関する基礎的な知識が身についているかが問われ

ます。出題されるトピックは次のようなものです。より詳細な内容は、日本オラクルのWebサイトで確認することができます。なお、本試験はJavaのバージョンに依存する問題は出題されません。

- ・Java言語のプログラムの流れ
- ・データの宣言と使用
- ・演算子と分岐文
- ・ループ文
- ・オブジェクト指向の概念
- ・クラスの定義とオブジェクトの使用
- ・継承とポリモーフィズム

Java SE Bronze 試験について

本書では、OCJ-P Bronze SEの試験科目「Java SE Bronze」を扱います。合格ラインや試験料は今後変更される可能性があります。最新の試験情報は、必ず日本オラクルのWebサイトなどで確認してください。

●試験概要
- ・試験名　　　:Java SE Bronze
- ・試験番号　　:1Z0-818-JPN
- ・試験時間　　:65分
- ・問題数　　　:60問
- ・合格ライン:60%
- ・試験方法　　:CBTによる選択式
- ・試験料　　　:13,300円（税抜き）

受験申し込み方法

「Java SE Bronze」試験は、ピアソンVUE社の公認テストセンターまたはオンライン試験で受験可能です。

●公認テストセンターでの受験
申し込みは、ピアソンVUE社のコールセンターまたはWebサイトを利用して行ってください。いずれの場合も希望するテストセンター、日時を選択できます。予約状況によっては選択できない場合もありますので、必ず申し込み時に確認してください。なお、初めてピアソンVUE社に申し込む場合は、同社のWebサイトでアカウント情報を登録する必要があります。

●オンライン試験での受験

　　オンライン試験とは、インターネット経由で受験する試験監督不在の試験です。都合のよい時間にどこからでも受験できます。申し込みは、ピアソンVUE社のWebサイトから可能です。申し込み後、48時間以内に受験開始する必要があります。

ピアソン VUE 社

- ・URL：https://www.pearsonvue.co.jp/Clients/Oracle.aspx
- ・TEL：0120-355-583 または 0120-355-173
- ・問い合わせフォーム：https://www.pearsonvue.co.jp/test-taker/Customer-service.aspx

●オラクル認定資格に関する問い合わせ先

　　オラクル認定資格に不明な点がある場合は、オラクル認定資格事務局のメールアドレスに問い合わせることができます。

- ・Eメール：oraclecert_jp@oracle.com

本書の活用方法

　　本書の第1章から第7章までは、出題範囲のカテゴリ別の章立てになっています。第8章は、模擬試験の位置付けとなる「総仕上げ問題」です。各章の問題・解説で学習したのちに、実戦形式の総仕上げ問題で受験対策の仕上げをしましょう。

① 問題を解きながら合格レベルの実力が身に付く

　　第1章〜第7章の問題は、解き進めていくと、そのカテゴリに関する理解度が深まるように構成されています。

② 丁寧な解説と重要項目がわかる「試験対策」

　　解説では、正解・不正解の理由を丁寧に説明しています。また、第1章〜第7章の解説では、試験対策だけでなくJavaプログラマーとして必要なJavaの基礎技術やオブジェクト指向についても説明しています。本文中の「試験対策」欄には、試験の重要項目を挙げていますので、試験対策を効率的に行うことができます。

③ 本試験と同レベルの模擬問題

　　第8章には、本試験と同レベルの問題を掲載しています。受験対策の総仕上げとして、本試験と同じ60問を65分で解いてみましょう。模擬問題を解くことで、より実戦的な試験対策が可能になります。

本書の構成

　本書は、カテゴリ別に分類された、問題と解答で構成されています。試験の出題範囲に沿った問題に解答したのち、解説を読んで学習すると、合格レベルの実力が身に付きます。また、実際の試験に近い形式になっていますので、より実戦的に学習できます。

問題

　試験の出題形式は選択式です。正答を1つだけ選ぶものと複数選ぶものがあります。

チェックボックス

確実に理解している問題のチェックボックスを塗りつぶしながら問題を解き進めると、2回目からは不確かな問題だけを効率的に解くことができます。すべてのチェックボックスが塗りつぶされれば合格は目前です。

選択式

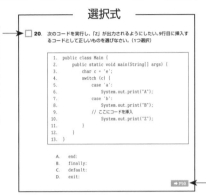

```
□ 20. 次のコードを実行し、「Z」が出力されるようにしたい。9行目に挿入する
      コードとして正しいものを選びなさい。(1つ選択)

    1.  public class Main {
    2.      public static void main(String[] args) {
    3.          char c = 'e';
    4.          switch (c) {
    5.              case 'a':
    6.                  System.out.print("A");
    7.              case 'b':
    8.                  System.out.print("B");
    9.              // ここにコードを挿入
    10.                 System.out.print("Z");
    11.         }
    12.     }
    13. }

    A.  end:
    B.  finally:
    C.  default:
    D.  exit:
                                              ➡ P98
```

解答ページ

問題の右下に、解答ページが表示されています。ランダムに問題を解くときも、解答ページを探すのに手間取ることがありません。

解答

　解答には、問題の正解および不正解の理由だけでなく、用語や重要事項などが詳しく解説されています。

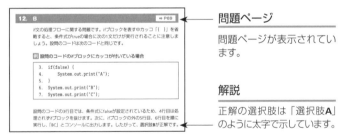

```
12. B                                    ➡ P69

if文の処理フローに関する問題です。ifブロックを表す中カッコ「{ }」を省
略すると、条件式がtrueの場合に次の1文だけが実行されることに注意しま
しょう。設問のコードは次のコードと同じです。

例 設問のコードのifブロックにカッコが付いている場合

    3.  if(false) {
    4.      System.out.print("A");
    5.  }
    6.  System.out.print("B");
    7.  System.out.print("C");

設問のコードの3行目では、条件式にfalseが設定されているため、4行目は処
理されずifブロックを抜けます。次に、ifブロックの外の5行目、6行目を順に
実行し、「BC」とコンソールに出力します。したがって、選択肢Bが正解です。
```

問題ページ

問題ページが表示されています。

解説

正解の選択肢は「選択肢A」のように太字で示しています。

問題のソースコードでは、mainメソッド、例外処理、import文、package文などを省略し、プログラムを動作させるのに不完全な形で記述されているものもあります。このようなソースコードは、実際の試験でも同様に出題されることが考えられます。本書の問題に解答する際には、省略されている記述にかかわらず、問題の趣旨を的確にとらえるようにしてください。

本書で使用するマーク

試験対策

試験対策のために理解しておかなければいけないことや、覚えておかなければいけない重要事項を示しています。

参考

試験対策とは直接関係はありませんが、知っておくと有益な情報を示しています。

目次

第1章　Java言語のプログラムの流れ

第2章　データ宣言と使用

第3章　演算子と分岐文

第4章　ループ文

第5章　オブジェクト指向の概念

第 1 章

Java言語の
プログラムの流れ

- Javaの特徴
- Javaプログラムの作成と実行
- 各種エディションの特徴

1. Javaに関する説明として、正しいものを選びなさい。（2つ選択）

    A.   すべての変数は、型の宣言をしなければならない

    B.   すべての式は、型を持たない

    C.   式の型はコンパイル時に解釈される

    D.   実行時にエラーを発生させることで、型の整合性を確認する

➡ P15

2. Javaに関する説明として、正しいものを選びなさい。（2つ選択）

    A.   マルチスレッドによる並行処理をサポートする

    B.   マルチプロセスによる並行処理をサポートする

    C.   シングルスレッドアプリケーションのみをサポートする

    D.   並行処理を完全に制御できる

    E.   並行処理を部分的に制御できる

➡ P16

3. Javaに関する説明として、正しいものを選びなさい。（2つ選択）

    A.   特定のOSに特化したプログラミング言語である

    B.   ほかのプログラミング言語に比べて高速に実行できる

    C.   あらかじめ機械語にコンパイルされる

    D.   メモリ管理が自動化される

    E.   セキュリティが向上する実行方式を取り入れている

➡ P17

4. Javaプログラムの作成から実行までの流れに関する説明として、正しいものを選びなさい。（2つ選択）

    A.   コンパイラによって機械語にコンパイルされる

    B.   コンパイラによって中間コードにコンパイルされる

    C.   実行可能ファイルを作成する

    D.   JVMにクラスファイルを読み込ませる

➡ P19

5. Javaのクラスファイルに関する説明として、正しいものを選びなさい。
（1つ選択）

A. プラットフォームに依存したネイティブコードが記述されて
いる
B. プラットフォームに依存しないネイティブコードが記述されて
いる
C. JVMだけが理解できるコードが記述されている
D. 人間が理解できるコードが記述されている

➡ P20

6. Javaに関する説明として、正しいものを選びなさい。（2つ選択）

A. 自動的にメモリを解放する
B. メモリを任意のタイミングで解放できる
C. ポインタを使ってメモリを自由に操作できる
D. メモリの効率的な利用を自動化する

➡ P21

7. アプリケーションのエントリーポイントとなるメソッドの条件として、
正しいものを選びなさい。（3つ選択）

A. publicであること
B. staticであること
C. 1つのソースファイルに複数記述できる
D. 戻り値型はintであること
E. 引数はString配列型もしくはString型の可変長引数であること
F. 戻り値として0、もしくは1を戻すこと

➡ P22

8. Javaのソースファイルに関する説明として、正しいものを選びなさい。
（2つ選択）

A. 1つのソースファイルにpublicなインタフェースを複数記述で
きる
B. ソースファイルの名前はpublicなクラス名と一致させなくては
いけない
C. 1つのソースファイルには、1つのクラスだけを記述できる
D. 1つのソースファイル内に、デフォルトのアクセス修飾子で修
飾したインタフェースとpublicなクラスの両方を記述できる
E. 1つのソースファイルにpublicなクラスを複数記述できる

➡ P23

9. Javaのエディションのうち Java SE に関する説明として、正しいものを選びなさい。（2つ選択）

    A.   JVMが含まれる
    B.   GUIアプリケーション開発に向いている
    C.   大規模システム向けの機能をセットにして提供している
    D.   仕様のみを提供している

➡ P25

10. Javaのエディションのうち Java EE に関する説明として、正しいものを選びなさい。（2つ選択）

    A.   Java EEでは仕様だけを定め、実装は各社が提供している
    B.   Java SEの範囲は含まない
    C.   エンタープライズ用途向けの多くの機能をセットにしたものである
    D.   携帯電話のような、リソースが制限されたデバイス向けの機能を提供している

➡ P26

11. Javaのエディションのうち Java ME に関する説明として、正しいものを選びなさい。（2つ選択）

    A.   Java SEの機能の一部を抜き出して定義したエディションである
    B.   基本的なライブラリとJVMを組み合わせたものを「プロファイル」と呼ぶ
    C.   特定のデバイスに対応するAPIだけを抽出したものを「コンフィギュレーション」と呼ぶ
    D.   Java MEでは、JVMではなく「KVM」と呼ばれる仮想マシンを使うことがある

➡ P27

第1章　Java言語のプログラムの流れ
解　答

1.　A、C
→ P12

変数や式の型の扱い方についての問題です。

プログラミング言語は、**静的言語**と**動的言語**の2つに分かれます。これらの違いは、変数や式の**型情報の扱い方**にあります。型とは、データの種類を表すための情報です。変数や式の結果作られるデータの種類を、コンパイル時に決定するのが「静的言語」、実行時に決定するのが「動的言語」です。型を決めるタイミングがプログラムの実行前か実行時かによって、静的と動的のどちらかに分かれます。

静的言語の場合は、**変数や式**が型情報を持ちます。式の型は**コンパイル時**に決定され、期待されている型と式の結果の型が合わない場合には、コンパイルエラーが発生します。

一方の動的言語は、変数や式が型情報を持たず、変数宣言時にもデータ型を指定しません。言語によっては、変数宣言自体がないものもあります。動的言語では、変数や式が型情報を持たない代わりに**データ自身**が型情報を持つため、**実行時**に型がチェックされます。そのため、型の不整合があった場合は、実行時にエラーが発生します。

さらに型の整合性をチェックする仕組みには、静的であるか動的であるかのほかに「強さ」という尺度があります。この強さとは、どの程度まで厳密に型の整合性をチェックするかという厳密性を表します。

たとえば、Javaは変数や式が型情報を持ち、コンパイラによって厳密に不整合のチェックが行われるため、「**強い静的型付け言語**」と呼ばれます。一方、C++は柔軟な構文を実現するために、厳密なチェックをしないことから「弱い静的型付け言語」と呼ばれます。

動的言語にも「強さ」はあります。たとえば、「強い動的型付け言語」の代表例はLispで、「弱い動的型付け言語」の代表例はアセンブラです。

前述のとおり、Javaは強い静的型付け言語です。そのため、Javaでは変数や式が型を持ち、コンパイル時に厳密な型チェックが行われます。したがって、選択肢**A**と**C**が正解です。

Javaの特徴に関する問題です。

処理を複数同時に実行することで、ソフトウェア全体の処理性能を向上させる技術を「**並行処理**」と呼びます。Javaは、この並行処理を容易に実現できるよう専用の構文や標準クラスライブラリを提供しており、ほかのプログラミング言語では実装が困難だった並行処理が比較的容易に実現できるようになっています。

Javaに限らず、一般的な並行処理の実現方法には次の2つがあります。

・ 同じアプリケーションを複数実行する
・ 1つのアプリケーションで複数の処理を交互に切り替えて実行する

これらの実現方法のうち、前者を「**マルチプロセス**」、後者を「**マルチスレッド**」と呼びます。

プロセスとは、アプリケーションが起動するときに、OSから割り当てられたメモリ空間のことを指します。このメモリ空間には、プログラムを実行するのに必要なコードや変数、その他すべてが展開されていることから、プロセスは「アプリケーションそのもの」と呼ぶこともできます。マルチプロセスは、アプリケーション（プロセス）を複数同時に起動し、OSが交互にアプリケーションを切り替えながら実行することで並行処理を実現します。

もう一方のマルチスレッドは、プロセス内を複数に分割することで並行処理を実現します。**スレッド**とはプロセス内で実行される一連の処理の流れのことで、マルチスレッドとは、1つのプロセス内で複数の処理の流れ（スレッド）が並行に実行される並行処理の形態です。

マルチプロセスの問題点は、マルチスレッドに比べて起動に時間がかかることです。これは、プロセス起動時にOSからメモリ空間を割り当ててもらう必要があるためです。それに対してマルチスレッドは、割り当て済みのメモリ空間を分割して使うため、マルチプロセスに比べてパフォーマンスに優れるというメリットがあります。その他の違いは次の表のとおりです。

【マルチプロセスとマルチスレッドの違い】

	マルチプロセス	マルチスレッド
メリット	・プログラム異常時に、ほかの処理に影響が出にくい ・プログラムがシンプルでわかりやすい ・各処理の終了時にリソースが確実に解放される ・利用可能なメモリ量やCPU時間などのリソース制限を受けない	・リソースを節約できる ・並行する処理数をすばやく増やせる ・データ連携が簡単である ・さまざまなプラットフォームで実現しやすい
デメリット	・リソースを多く必要とする ・プロセス生成時の処理に時間がかかる ・プロセス間のデータ連携が煩雑 ・UNIX系OS以外では利用が難しい	・プログラムが複雑化しやすい ・プログラム異常時に、ほかの処理に影響が出る ・利用可能なメモリ量やCPU時間などのリソースの制限を受ける

Javaはシングルプロセス、マルチスレッドで並行処理を実現しますが、どのスレッドを実行するかはJVM（Java Virtual Machine）が判断します。プログラムから並行処理を完全に制御できるわけではありません。
Javaでは、並行して「やりたいこと」をプログラミングできますが、その処理順を自由に制御できるわけではないことに注意しましょう。

以上のことから、選択肢**A**と**E**が正解です。

---

3. D、E → P12

Javaの特徴に関する問題です。
Javaの特徴を表す言葉に「Write Once, Run Anywhere（一度書いたら、どこでも動く）」があります。この特徴を実現しているのが**JVM**（Java Virtual Machine）という仮想的なコンピュータです。

私たちが普段の会話で使う言語のことを「自然言語」と呼びます。自然言語に近い文法やボキャブラリを使って記述する**ソースコード**は、人間が読み書きするためのものです。一方、機械語しか理解できないコンピュータはソースコードを理解できません。そのためソースコードは、コンピュータが理解できる「機械語」にプログラムの実行前にいったん変換しておく必要があります。このソースコードから機械語への変換作業のことを「**コンパイル**」、この作業をする変換ソフトウェアのことを「**コンパイラ**」と呼びます。

※次ページに続く

コンパイラは、プログラムを実行するコンピュータのOSが理解できるようにするために、OSの種類に応じてソースコードをコンパイル（変換）します。そのため、プログラムを実行するOSごとにコンパイルの結果は異なります。たとえば、Windows用にコンパイルしたプログラムはWindows専用、macOS用にコンパイルしたプログラムはmacOS専用となり、これらに互換性はありません。

このように、ソースコードをあらかじめコンパイルしてから実行する方式のことを「**事前コンパイル方式**」と呼びます。この方式のメリットは、対象OS専用のコードに変換されているため高速に実行できることです。その反面、専用コードであるために対象OS以外では実行できないことがデメリットです。事前コンパイル方式を採用しているプログラミング言語には、CやC＋＋などがあります。

【事前コンパイル方式】

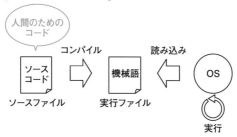

プログラムの実行方式には、「**インタープリタ方式**」と呼ばれるものもあります。この方式は、「**インタープリタ**」と呼ばれる仲介アプリケーションを使って、ソースコードを**実行時にコンパイル**することが特徴です。インタープリタ方式では、事前にコンパイルして専用コードに変換しておく必要がないため、理論上は対象OSごとのインタープリンタを用意すれば、プログラムをどのようなOSでも実行できます。このインタープリタ方式を採用しているプログラミング言語には、PHPやJavaScriptなどがあります。

【インタープリタ方式】

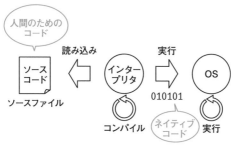

インタープリタ方式はソースコードを1行ずつコンパイルしながら実行するため効率が悪く、事前コンパイル方式に比べて実行速度が落ちてしまうというデメリットがあります（選択肢B）。

Javaは「Write Once, Run Anywhere」を実現するために、このインタープリタ方式を採用しており、JVMがプログラムの実行時にOS専用のコードにコンパイルしながらプログラムを実行します（選択肢C）。そのため、OSごとにJVMを用意すれば、Javaのプログラムはどこでも実行できるのです。なお、Javaも事前にコンパイルをしますが、この作業の必要性については解答4で解説します。

Javaがインタープリタ方式を採用したのは、以下のような理由からです。

1. 特定のプラットフォームやOSに依存しない
2. ガベージコレクションによってメモリ管理が自動化できる（選択肢**D**）
3. セキュリティが向上する（選択肢**E**）

理由1は、インタープリタ方式の特徴そのものです。この方式であれば実行時にコンパイルするため、実行環境に合わせたJVMを用意すれば、どのようなコンピュータやOSであっても実行可能です（選択肢A）。

インタープリタ方式の場合、OSがプログラムを直接実行するのではなく、JavaであればJVM、JavaScriptであればブラウザという具合に、コンパイルしながら実行する仲介アプリケーションが存在します。この仲介アプリケーションが、実行時にどのようにメモリを使用するかを決めたり、不要になったメモリはないかを確認したり、問題のあるコードはないかをチェックしたりしながらプログラムを実行するため、上記の理由2と3のようなメリットが生まれるのです。ガベージコレクションについては、解答6を参照してください。

以上のことから、選択肢**D**と**E**が正解です。

4. B、D
➡ P12

Javaプログラムの作成から実行までの流れに関する問題です。
解答3で説明したとおり、JVMによるインタープリタ方式の実行形態を採用することによりさまざまなメリットが得られますが、その一方でいくつか問題点もあります。もっとも顕著な問題が、パフォーマンスです。

ソースコードは人間が理解しやすいように記述するものであって、プログラムが実行しやすいかどうか、効率よく実行できるかどうかという観点で記述

するものではありません。そこで、ソースコードから不要なコードを排除し、パフォーマンスが向上するようにコードを変換しておくインタープリタ方式の1つが「実行時コンパイル方式」です。

実行時コンパイル方式では、コンパイラによって実行に最適化されたコードに変換されているため、インタープリタ方式でもパフォーマンスが低下しにくいという特徴を持ちます。Javaは、この実行時コンパイル方式を採用した「Hotspot VM」という技術をJVMに導入しています。その結果、Javaは事前にコンパイルしておく言語と比べても遜色ないほどのパフォーマンスを持つことに成功したのです。

【実行時コンパイル方式】

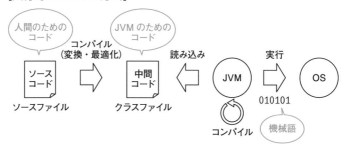

なお、Javaの実行時コンパイル方式では、コンパイラによって変換されたコードを「中間コード」と呼びます。中間コードは、より効率がよいコードへの最適化だけでなく、変換効率を上げるために2進数で表現されるバイトコードで記述されています。**クラスファイル**は、この中間コードが記述されたファイルのことを指します。以上のことから、選択肢Aは誤りで、選択肢**B**と選択肢**D**が正解です。なお、実行時コンパイル方式はインタープリタ方式の一種といえますが、高速化のために事前にバイトコードに変換されている点が異なります。

Javaは、実行時にネイティブコードにコンパイルしてもファイルには書き出さず、CやC++のように実行可能ファイルを作ることはありません。JVMが実行時にコンパイルしたネイティブコードは、そのまま実行されるか、頻繁に実行するコードであればメモリ上にキャッシュされます。よって、選択肢Cも誤りです。

5.　C　➡ P13

クラスファイルに関する問題です。
解答4で説明したとおり、Javaは実行時コンパイル方式を採用しています。コ

ンパイル後に生成される**クラスファイル**には、「中間コード」と呼ばれる実行に最適化されたコードが記述されています。JVMはこの中間コードを読み込み、機械語にコンパイルして実行します（選択肢A、**C**、D）。

なお、機械語は特定のプロセッサ群の「固有語」であることから、「ネイティブコード」と呼ぶこともあります。そのため、選択肢Bのようにプラットフォームに依存しないネイティブコードというものは存在しません。

以上のことから、選択肢**C**が正解です。

6.　A、D　　　　　　　　　　　　　→ P13

Javaのメモリ管理に関する問題です。

メモリは有限なリソースであり、無尽蔵に使えるわけではありません。次々とメモリを使用し続けた結果、もしメモリが不足してしまえば、メモリリークが発生し、処理速度が極端に遅くなったり、エラーが発生したり、システムが突然終了したりする事態が発生します。最悪の場合、OSをも巻き込んだトラブルへと発展します。ソフトウェアを安定稼働させるためには、使わなくなったメモリ領域を解放し、プログラムの実行に必要な空きメモリを常に確保するメモリ管理が欠かせません。

Javaが誕生する以前の言語では、プログラマーがメモリを解放するコードを明示的に記述していました。当時は「今、メモリはどのような状況なのか？」「どのメモリをいつ解放すればよいか？」「このタイミングで解放しても大丈夫なのか？」という具合に、常にメモリの状況を考えながらプログラミングする必要がありました。このようなプログラミングは考慮すべきことが多いために生産性が落ちてしまい、開発コストを増加させる原因になっていました。

この問題を解決するために、Javaは**ガベージコレクション**という自動メモリ管理機能を備えています。ガベージコレクションは、確保しておく必要がなくなったメモリ領域を自動的に検出し、解放する機能です（選択肢**A**）。この機能のおかげで、プログラマーはメモリ管理を行う必要がなくなり、より生産的な作業に時間を費やすことができるようになりました。

ガベージコレクションは、「**ガベージコレクタ**」と呼ばれるJVMの機能が実行します。ガベージコレクションは、ガベージコレクタのアルゴリズムに従って実行されるため、プログラマーがメモリ解放のタイミングを制御することはできません（選択肢B）。Systemクラスにはgcメソッドというガベージコレクションに関するメソッドがありますが、このメソッドはJVMにガベージコレクションの実行を促すだけであって、必ずしもガベージコレクションが発生するわけではありません。

また、ガベージコレクタには、ガベージコレクションによってメモリ領域に

空き領域ができたとき、細切れになったメモリ領域を整理し、空き領域を確保する「コンパクション」と呼ばれる機能もあります。Javaは、この機能のおかげで効率的にメモリ領域を使うことができるのです（選択肢**D**）。

CやC＋＋といった言語では、メモリアドレスを指し示す「ポインタ」を用いてメモリを自由に操作することができます。ポインタはプログラミングの自由度を上げる反面、解決が困難なバグの原因にもなっていました。そのため、Javaではプログラムからメモリを直接操作できないようになっています（選択肢C）。
以上のことから、選択肢**A**と**D**が正解です。

7.　A、B、E　　　　　　　　　　　　　　　　　　⇒ P13

mainメソッドに関する問題です。
クラスには複数のメソッドを定義できます。このとき、どのメソッドから処理を始めるのかが決まっていなくてはいけません。処理を始めるためのメソッドのことを**エントリーポイント**といいます。JVMは、Javaコマンドで指定されたクラスを読み込み、そのクラスに定義されているエントリーポイントから処理を始めます。
Javaでは、エントリーポイントとなるメソッドの定義が決められており、プログラマーが自由に決めることはできません。エントリーポイントは、次のように記述します。

例 エントリーポイントとなるメソッドの定義

```
public static void main(String[] args) {
    // any code
}
```

上記のコード例のうち、変更できるのは引数名「args」の部分だけで、その他の部分は変更できません。引数名の部分は単なる変数名の宣言にすぎないため、命名規則に従っていれば自由に変更可能です。エントリーポイントに適用されるルールは次のとおりです（選択肢**A**、**B**）。

・公開されていること（publicであること）
・インスタンスを生成しなくても実行できること（staticであること）
・戻り値は戻せない（voidであること）（選択肢D、F）
・メソッド名はmainであること
・引数はString配列型を1つ受け取ること

なお、エントリーポイントは、そのメソッド名がmainと決められていること

から、一般的に「mainメソッド」とも呼ばれます。同じシグニチャ（名前と
引数のセット）のメソッドを複数記述できないように、mainメソッドも複数
記述できません（選択肢C）。

エントリーポイントの引数には、String配列型だけでなく、次のように可変
長引数のString型を受け取ることもできます（選択肢E）。これは、可変長の
引数はコンパイル時に配列型の引数に変換されるためです。

例 String型の可変長引数を受け取るmainメソッド

```
public static void main(String... args) {
}
```

8.　B、D　→ P13

ソースファイルに関する問題です。

ソースファイルには、publicで修飾されたクラスやインタフェース、列挙型
は1つしか記述できません（選択肢A、E）。

ソースファイルの名称はpublicなクラスの名前、インタフェース名、列挙型
名のいずれかと一致させなければいけません[※1]（選択肢**B**）。もし、名称が一
致しなければコンパイルエラーが発生します。たとえば、次のSampleクラス
を「sample.java（最初のSが小文字）」として保存し、コンパイルすると次の
ようなコンパイルエラーが発生します。

例 Sampleクラス

```
public class Sample {
    // any code
}
```

例 実行結果

```
> javac sample.java
sample.java:1: クラス Sample は public であり、ファイル Sample.java で宣言しなければなりません。
public class Sample {
       ^
エラー 1 個
```

※1 Java 11のソースファイルモードという機能では、publicでないクラス、インタフェー
　　ス、列挙型の名前をソースファイルの名称として付けることができますが、Java SE
　　Bronze試験の出題範囲外ですので、本書では説明を割愛します。

publicなクラスやインタフェース、列挙型はソースファイルに1つしか記述できませんが、それ以外のアクセス修飾子を持つものであれば複数記述できます（選択肢C、**D**）。たとえば、次のコードのようにSampleクラスとTestクラスを1つのソースファイルに記述することが可能です。

例 publicなSampleクラス、およびTestクラスが記述されたソースファイル

```
public class Sample {
    // any code
}

class Test{
    // any code
}
```

ソースファイル内に複数のクラスを定義した場合でも、コンパイルするとクラスファイルはそれぞれクラスごとに出力されます。そのため、前述のソースファイル（Sample.java）をコンパイルすると、Sample.classとTest.classの2つのクラスファイルが出力されます。

ただし、このように1つのファイルに複数のクラスを記述することは推奨されません。ソフトウェアの規模が大きくなり、クラス数が増えてくると、どのファイルにどのクラスを定義したのかがわかりづらくなるためです。

試験対策

ソースファイルには、publicで修飾されたクラスやインタフェース、列挙型は1つしか記述できません。また、ソースファイルの名称はpublicなクラスの名前、インタフェース名、列挙型名のいずれかと一致させなければいけません。

試験対策

ソースファイル内に複数のクラスを定義した場合、クラスごとのクラスファイルが出力されます。

Java SEの特徴に関する問題です。

Javaには用途に応じて、Java SE（Java Platform, Standard Edition）、Java EE[2]（Java Platform, Enterprise Edition）、Java ME（Java Platform, Micro Edition）の3つのエディションが用意されています。設問は、この3つのエディションのうち **Java SE**の特徴について問うものです。Java SEの主な特徴は次のとおりです。

・ JVMの提供
・ 標準クラスライブラリの提供
・ 各種開発ツールの提供

Java SEは、**JRE**と**JDK**という2つのパッケージで提供されています。JREはJava Runtime Environmentの略で、Javaプログラムの実行に必要なライブラリ、JVM、その他必要なコンポーネントをまとめて提供しています（選択肢**A**）。もう1つのJDKはJava Development Kitの略で、JREに加えて開発に必要なコンパイラやデバッガ、各種開発ツールが含まれています。

標準クラスライブラリは、大きく分けて3つの機能を提供しています。1つ目が基本的な機能を提供する「基本ライブラリ」です。このライブラリには、java.langやjava.utilをはじめとする基本的なパッケージが含まれています。ほかにも、I/Oやシリアライズ、ネットワーク機能、セキュリティや国際化対応、JVMを監視するためのJMX（Java Management Extensions）、XMLを扱うためのJAXP（Java API for XML Processing）、Javaとネイティブアプリケーションの連携を実現するJNI（Java Native Interface）などもこのライブラリに含まれます。

2つ目は、応用的な機能を提供する「統合ライブラリ」です。これにはデータベース連携を実現するJDBC（Java Database Connectivity）や分散アプリケーションを開発するためのRMI（Remote Method Invocation）、CORBA（Common Object Request Broker Architecture）、RMI-IIOP（RMI over IIOP）、ディレクトリサービス連携を実現するJNDI（Java Naming and Directory Interface）といった機能が含まれます。

最後が「ユーザーインタフェースライブラリ」です。これには、GUIを実現するAWTやSwing、画像処理をするためのJava 2D、印刷サービスやテキスト変換などが含まれています（選択肢**B**）。

---

[2] Java EEは、2017年9月にその策定主体をオラクル社からEclipse Foundationに移管しており、名称を「Jakarta EE」に変更しています。ただし、「Java EE」という名称そのものはオラクル社が所有しており、Java SE Bronze試験では「Java EE」という名称で出題されます。

大規模システム開発では、大きなシステムが複数のサブシステムに分割され、それらが互いに連携し合いながら全体の処理を進めていきます。このような連携機能や付随する機能を提供するのはJava EEの役割です（選択肢C）。

また、Java SEがライブラリとして実装を提供するのに対し、Java EEは実装を提供しません。Java EEは仕様の集合体として提供され、その実装は各種ベンダーやオープンソースコミュニティが提供しています（選択肢D）。

以上のことから、選択肢**A**と**B**が正解です。

10.　A、C → P14

Java EEの特徴に関する問題です。
仕事の多くが自動化され、データ化された昨今、1つの企業で使われるソフトウェアの数は増えるばかりです。1,000を超えるソフトウェアを連携させている企業も珍しくありません。このように数多くのソフトウェアが連携し、企業の仕事全体を効率化するソフトウェア群のことを「エンタープライズシステム」と呼びます。

エンタープライズシステムの基盤となるのは、次のようなソフトウェア間の連携機能です。

- ・ 物理的に離れた場所にあるソフトウェアの機能をほかのソフトウェアが利用する機能
- ・ ネットワーク上にあるソフトウェア群から目的のものを探し出す機能
- ・ 連携した情報を保存しておき、あとから再利用する機能
- ・ 一連のデータ処理が確実に行えることを保証する機能
- ・ 連携するソフトウェアが変更されても影響を受けないようにする機能

このような基盤機能は、エンタープライズシステムであればほとんどのソフトウェアに必要なものばかりです。アプリケーションを開発するたびにこうした機能を作るのは非効率的であるため、機能が実装されているソフトウェアを利用します。なお、このような基盤機能を提供するソフトウェアを「アプリケーションサーバー」と呼びます。

アプリケーションサーバーは、基盤機能を提供するだけであり、単体で動作することはありません。アプリケーションサーバーとさまざまな業務処理をするアプリケーションとを組み合わせることで、既存のエンタープライズシステムと連携して動作する「エンタープライズアプリケーション」となります。

【エンタープライズアプリケーション】

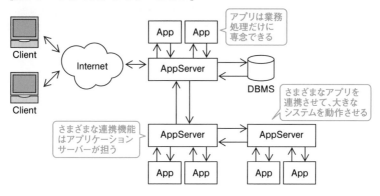

現在、利用可能なアプリケーションサーバーは、有償・無償合わせて数多く存在します。アプリケーションサーバーごとにAPIが異なると、業務処理を行うアプリケーションは、利用しているアプリケーションサーバー以外と連携できなくなります。これではJavaのもっとも重要な特徴である「Write Once, Run Anywhere」が実現できません。そこで、これらのアプリケーションサーバーが実現しなければいけない機能の仕様やそのAPIを定め、これらに準拠しているかどうかのテストをクリアした製品が流通する仕組みが用意されました。この機能の仕様やAPIを定めたものが「**Java EE**（Java Platform, Enterprise Edition)」です。

Java EEは、各社が提供するソフトウェアが不足なく機能を提供し、かつ互換性があることを保証するための仕様を定めています。さまざまなベンダーが製品を提供していますが、Java EEが規定する仕様を満たす製品であれば、同じ機能が提供され、かつ互換性を保って使うことができるのです。
以上のことから、選択肢**A**と**C**が正解です。その他の選択肢は、以下の理由により誤りです。

B. Java EEは、Java SEを拡張して作られています。そのため、Java EEアプリケーションサーバーの実行にはJava SEが必須です。
D. 携帯電話などのようなリソースが限られたデバイス向けの機能を提供しているのはJava MEです。

---

11. A、D → P14

Java MEの特徴に関する問題です。
Java ME（Java Platform, Micro Edition）は、携帯電話やPDAなどの携帯端末、工業用ロボット、テレビのセットトップボックス、プリンタなど、多種多様なハードウェアを制御するソフトウェアを作るためのエディションです。こ

のようなハードウェアは、限られたメモリサイズ、狭いディスプレイ、容量が少ないバッテリーなど多くの制約があります。コンピュータ向けの応用的な使い方やユーザーインタフェースに関するライブラリは、こうした制約のあるハードウェアを制御するためには必要ありません。このため、Java MEのライブラリは、Java SEの標準ライブラリから最低限必要なAPIを抜き出した形で提供されています（選択肢**A**）。

Java MEでは、こうしたハードウェアなどの環境に柔軟に対応するために、次の3つの要素から構成されています。

・コンフィギュレーション……もっとも基本的なライブラリと仮想マシン（選択肢B）
・プロファイル………………特定のデバイス向けのAPIセット（選択肢C）
・オプショナルパッケージ……特定の技術をサポートするためのAPIセット

本書では詳細を割愛しますが、これらの要素にはいくつもの種類があり、対象となるハードウェアに合わせてさまざまな組み合わせが存在します。

前述のとおり、コンフィギュレーションには仮想マシンも含まれます。しかし、すべてのハードウェアがコンピュータ用のJVMを実行できるリソースを持つわけではありません。ハードウェア要件によっては十分なリソースを確保できない場合もあり得ます。そこでJava MEでは、JVMのほかに**KVM**という小型ハードウェア向けの仮想マシンも用意しています（選択肢**D**）。KVMのKは、数十キロバイト単位の小さなサイズを扱うということに由来しています。

以上のことから、選択肢**A**と**D**が正解です。

試験対策　解答9〜11で説明した各エディションについて、概要を押さえておきましょう。

第 2 章

データ宣言と使用

- データ型
- プリミティブ型と参照型
- 変数の宣言
- スコープ
- 定数の宣言
- 配列（宣言、生成、初期化）
- javaコマンドのコマンドライン引数
- mainメソッド

1. プリミティブ型として正しいものを選びなさい。（2つ選択）

    A.   Integer

    B.   double

    C.   Number

    D.   byte

    E.   Character

➡ P39

2. 参照型として正しいものを選びなさい。（3つ選択）

    A.   String

    B.   Date

    C.   int

    D.   boolean

    E.   char[]

➡ P40

3. 整数値を代入できる型として正しいものを選びなさい。（3つ選択）

    A.   double

    B.   char

    C.   short

    D.   int

    E.   float

➡ P40

4. 真偽値を保持できる型として正しいものを選びなさい。（1つ選択）

    A.   char

    B.   boolean

    C.   double

    D.   int

    E.   String

➡ P41

5. プリミティブ型および参照型変数の説明として正しいものを選びなさい。（2つ選択）

- A. プリミティブ型の変数は配列インスタンスへの参照を保持できる
- B. プリミティブ型の変数は文字列を保持できる
- C. 参照型の変数はインスタンスへの参照を保持できる
- D. 参照型の変数は整数値を保持できる
- E. プリミティブ型の変数は数値、文字、真偽値を保持できる

➡ P41

6. 変数の宣言方法として正しいものを選びなさい。（2つ選択）

- A. `int number;`
- B. `length long;`
- C. `String name, code;`
- D. `boolean long;`
- E. `double 3.7;`

➡ P42

7. 数値を扱う変数の宣言と初期化方法として正しいものを選びなさい。（2つ選択）

- A. `long number = 2.5;`
- B. `float number = 5;`
- C. `byte number = 128;`
- D. `double number = 4.3;`
- E. `int number = 3.0;`

➡ P43

8. 真偽値を扱う変数の宣言と初期化方法として正しいものを選びなさい。（1つ選択）

- A. `boolean flag = TRUE;`
- B. `boolean flag = "true";`
- C. `boolean flag = false;`
- D. `boolean flag = 0;`
- E. `boolean flag = 'false';`

➡ P45

9. 文字を扱う変数の宣言と初期化方法として正しいものを選びなさい。(3つ選択)

    A.   `char c = 'AB';`
    B.   `char c = "T";`
    C.   `char c = '¥u1F1C';`
    D.   `char c = 'U';`
    E.   `char c = 97;`

➡ P45

10. 次のコードのうち、コンパイルエラーにならないものを選びなさい。(3つ選択)

    A.   `String str = "A";`
    B.   `String str = "null";`
    C.   `String str = 'A';`
    D.   `String str = "true";`
    E.   `String str = true;`

➡ P46

11. 定数の宣言方法として正しいものを選びなさい。(2つ選択)

    A.   `int final a = 10;`
    B.   `int frozen a = 17;`
    C.   `frozen int a = 13;`
    D.   `final int a = 8;`
    E.   `int a final = 3;`
    F.   `final int a;`

➡ P47

12. 次のプログラムをコンパイル、実行したときの結果として、正しいものを選びなさい。(1つ選択)

```
1.  public class Main {
2.      public static void main(String[] args) {
3.          final String COLOR = "blue";
4.          // other code
5.          COLOR = "red";
6.          System.out.println(COLOR);
7.      }
8.  }
```

A. 「blue」と表示される
B. 「red」と表示される
C. コンパイルエラーが発生する
D. 実行時に例外がスローされる

13. 次のプログラムをコンパイル、実行したときの結果として、正しいものを選びなさい。（1つ選択）

```
1.  public class Main {
2.     public static void main(String[] args) {
3.         char a = 'A'; b = 'B';
4.         System.out.print(a);
5.         System.out.print(b);
6.     }
7.  }
```

A. 「AB」と表示される
B. 「A」と表示される
C. 「B」と表示される
D. コンパイルエラーが発生する
E. 実行時に例外がスローされる

➡ P48

14. 次のプログラムの2行目に挿入するコードとして、正しいものを選びなさい。（1つ選択）

```
1.  public class Document {
2.     // insert code here
3.  }
```

A. private title String;
B. private String title;
C. String title private;
D. String private title;

➡ P49

15. 次のプログラムの2行目に挿入するコードとして、正しいものを選びなさい。(2つ選択)

```
1.  public class Item {
2.      // insert code here
3.  }
```

A. static int count;

B. int count static;

C. static private int count;

D. static count int;

➡ P50

16. 次のプログラムをコンパイル、実行したときの結果として、正しいものを選びなさい。(1つ選択)

```
1.  public class Main {
2.      public static void main(String[] args) {
3.          int a = 3;
4.          for(int i = 0; i < 3; i++) {
5.              int total = 0;
6.              total += a;
7.          }
8.          System.out.print(total);
9.      }
10. }
```

A. 0が表示される

B. 9が表示される

C. 12が表示される

D. コンパイルエラーが発生する

E. 実行時に例外がスローされる

➡ P51

17. 配列の宣言・生成方法として正しいものを選びなさい。（1つ選択）

    A.   `int[] array = new int[];`
    B.   `int() array = new int(3);`
    C.   `int array = new int[3];`
    D.   `int[3] array = new int[];`
    E.   `int[] array = new int[3];`

➡ P53

18. 配列の初期化の記述として正しいものを選びなさい。（1つ選択）

    A.   `int[] array = {3, 8, 10};`
    B.   `int[] array = new {3, 8, 10};`
    C.   `int[] array = (3, 8, 10);`
    D.   `int() array = {3, 8, 10};`
    E.   `int array = {3, 8, 10};`

➡ P55

19. 配列の変数名をarrayとした場合、配列の長さを参照する方法として正しいものを選びなさい。（1つ選択）

    A.   `array.size;`
    B.   `array.length();`
    C.   `array length;`
    D.   `array.length;`
    E.   `array.size();`

➡ P57

20. 次のプログラムをコンパイル、実行したときの結果として、正しいもの
を選びなさい。(1つ選択)

```
1.   public class Main {
2.       public static void main(String[] args) {
3.           int[] array = {3, 7, 5};
4.           System.out.println(array[1]);
5.       }
6.   }
```

A.   3が表示される
B.   7が表示される
C.   コンパイルエラーが発生する
D.   実行時に例外がスローされる

21. 次のプログラムをコンパイル、実行したときの結果として、正しいもの
を選びなさい。(1つ選択)

```
1.   public class Main {
2.       public static void main(String[] args) {
3.           int[] array = {1, 0, 2, 3};
4.           System.out.println(array[4]);
5.       }
6.   }
```

A.   3が表示される
B.   4が表示される
C.   コンパイルエラーが発生する
D.   実行時に例外がスローされる

22. 次のプログラムをコンパイル、実行したときの結果として、正しいもの
を選びなさい。（1つ選択）

```
1.  public class Main {
2.      public static void main(String[] args) {
3.          int[] array = new int[3];
4.          array[0] = 3.5;
5.          System.out.println(array[0]);
6.      }
7.  }
```

A. 3が表示される
B. 3.5が表示される
C. コンパイルエラーが発生する
D. 実行時に例外がスローされる

→ P59

23. 次のプログラムをコンパイル、実行したときの結果として、正しいもの
を選びなさい。（1つ選択）

```
1.  public class Main {
2.      public static void main(String[] args) {
3.          int[] array1 = {3, 8, 4};
4.          int[] array2 = array1;
5.          System.out.println(array2[0]);
6.      }
7.  }
```

A. 0が表示される
B. 3が表示される
C. コンパイルエラーが発生する
D. 実行時に例外がスローされる

→ P60

24. 次のプログラムを実行したときに表示結果のとおりになるようにしたい。実行するコマンドとして正しいものを選びなさい。（1つ選択）

```
1.  public class Main {
2.      public static void main(String[] args) {
3.          System.out.println(args[0]);
4.          System.out.println(args[1]);
5.      }
6.  }
```

【表示結果】

```
Hello
World
```

A. java Main HelloWorld
B. java Main Hello, World
C. java Main Hello World
D. java Main (Hello World)

➡ P60

25. 次のプログラムをコンパイル、実行したときの結果として、正しいものを選びなさい。（1つ選択）

```
1.  public class Main {
2.      public static void main(String[] args) {
3.          System.out.println(args[0]);
4.      }
5.  }
```

【実行方法】

```
java Main
```

A. 0が表示される
B. 何も表示されない
C. コンパイルエラーが発生する
D. 実行時に例外がスローされる

➡ P61

第2章　データ宣言と使用

解　答

1.　B、D
→ P30

データ型に関する問題です。データ型には、プリミティブ型と参照型があります。

プリミティブ型の変数に代入できるデータは、数値、文字、真偽値といった値です。参照型の変数に代入できるデータは、インスタンスへの参照です。プリミティブ型には、次の8種類があります。

【変数のデータ型】

分類	データ型	保持できる値
整数型	byte	8ビット整数 -128〜127
	short	16ビット整数 -32,768〜32,767
	int	32ビット整数 -2,147,483,648〜2,147,483,647
	long	64ビット整数 -9,223,372,036,854,775,808〜 9,223,372,036,854,775,807
浮動小数点数型	float	32ビット符号付き浮動小数点数
	double	64ビット符号付き浮動小数点数
文字型	char	16ビットUnicode文字 ¥u0000〜¥uFFFF
真偽値	boolean	true、false

doubleは浮動小数点数を、byteは整数を表すプリミティブ型です。したがって、選択肢**B**と**D**が正解です。IntegerとNumberは整数を扱うクラス（選択肢A、C）、Characterは文字を扱うクラスです（選択肢E）。これらは参照型であるため誤りです。

データ型に関する問題です。
解答1で説明したとおり、データ型にはプリミティブ型と参照型があります。
参照型は、さらに**オブジェクト型**と**配列型**、**列挙型**に分類されます。

【データ型の分類】

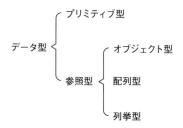

```
            プリミティブ型
データ型
                   オブジェクト型
            参照型   配列型
                   列挙型
```

選択肢**A**は、文字列を扱うStringクラスです。Stringはプリミティブ型と間違えやすい型ですがクラスの一種です。Stringは内部にchar配列型で文字列データを持ち、その配列を使ったさまざまなメソッドを提供するクラスです。選択肢**B**は、日時を取り扱うDateクラスです。どちらもオブジェクト型なので正解です。選択肢Cのintは整数を表すプリミティブ型、選択肢Dのbooleanは真偽値を表すプリミティブ型なので誤りです。選択肢**E**は、char配列型インスタンスへの参照を保持する配列型なので正解です。

整数値を扱うデータ型に関する問題です。
数値を扱うデータ型は、小数点を扱わない**整数型**と小数点を扱う**浮動小数点数型**に分類されます（解答1を参照）。
整数型にはbyte、short、int、longがあります。浮動小数点数型にはdoubleとfloatがあります。

char型の変数には整数値を代入できます。これは、文字「a」であれば97、文字「b」であれば98という具合に、文字にはそれぞれ番号が振られて管理されているためです。このように、文字に割り振られた番号のことを「文字コード」と呼びます。

Javaは文字コードをUnicodeで管理しています。Unicodeの文字コードに従うと「a」は「¥u0061」、「b」は「¥u0062」という値で表現されます。これは前述の97や98という10進数の値を16進数で表したものです。char型はこのように整数値を16進数に変換して保持しています。

以上のことから、選択肢**B**、**C**、**D**が正解です。なお、char型変数が保持する文字コードは次のコードで確認できます。

文字「a」の文字コードを確認

```
public class Sample {
  public static void main(String[] args) {
      char c = 'a'; // 変数cを文字aで初期化
      int i = (int)c; // 16進数の文字コードが10進数に変換される
      System.out.println(i); // 文字aの文字コードを出力
  }
}
```

---

4. B

真偽値を扱うデータ型に関する問題です。
真偽値を保持できる型は、**boolean**です。したがって、選択肢**B**が正解です。
真偽値とは、ある条件に合致しているか（真）、合致していないか（偽）の結果を表し、それぞれ**true**か**false**のリテラルで表現します。

その他の選択肢は以下の理由により誤りです。

A. char型は、文字を扱うデータ型です。
C. double型は、浮動小数点数を扱うデータ型です。
D. int型は、整数を扱うデータ型です。
E. Stringは、文字列を扱うクラスです。

---

5. C、E

変数のデータ型に関する問題です。

プリミティブ型の変数は、数値、文字、真偽値といったリテラルを保持できます（選択肢**E**）。参照型の変数は、インスタンスへの参照を保持できます（選択肢**C**）。参照型の変数は、整数値を保持できません（選択肢D）。

配列は参照型です（解答17を参照）。int型などのプリミティブ型変数は参照を保持できません（選択肢A）。

文字列を保持できる代表的なクラスは**String**です。ほかにも、StringBufferやStringBuilderといったクラスも文字列を扱います。本試験の対策としては、「文字列は、Stringクラスで扱う」と覚えておきましょう。StringやStringBufferは

第2章
データ宣言と使用（解答）

クラスであるため、参照型変数としてインスタンスへの参照を扱います。プリミティブ型の変数では文字列を扱うことはできません（選択肢B）。

なお、文字と文字列は異なります。文字とは**1文字分のデータ**を表し、char型で扱います。複数の文字の集合を意味する文字列はStringクラスなどで扱いますので、間違えないようにしましょう。

6. A、C
➡ P31

変数の宣言方法に関する問題です。**変数の宣言**は、次のように記述します。

構文

　アクセス修飾子　型名　変数名;

「アクセス修飾子」には、public、protected、privateがあります。このアクセス修飾子は、省略も可能です。省略した場合はアクセス修飾子「なし」が適用されます。各アクセス修飾子の意味については、第6章の解答18を参照してください。

「変数名」は、複数の変数を識別するため、メソッド内で一意でなくてはいけません。また、あらかじめ定義されているキーワード（予約語）を変数名として利用することはできません。

なお、同じ型であれば次のようにカンマ区切りで複数の変数を一度に宣言することも可能です（選択肢**C**）。

例 複数の変数の宣言

```
int number, length; // 2つのint型変数numberとlength
```

各選択肢については以下のとおりです。

A. 文法にのっとって、int型の変数を宣言しています。
B. 変数の型と変数名の記述順が文法と逆になっているため誤りです。
C. String型の変数、nameとcodeを同時に宣言しています。このように同じ型の変数は一度に宣言できます。
D. longは予約語であり、変数名として使用できません。よって、誤りです。
E. 変数名の1文字目に数字を使用することはできません。また、変数名の一部にドル記号「$」とアンダースコア「_」以外の記号を使用することはできません。よって、誤りです。

したがって、選択肢**A**と**C**が正解です。

数値を扱うデータ型が保持できる値に関する問題です。

データ型ごとの値の範囲に注意しながら解答しましょう。私たち人間にとっては同じ意味でも、コンピュータにとってint型の値3とdouble型の値3.0はまったく異なる値です。次のように2進数に直すと、これがコンピュータ内で異なる値として扱われていることがわかります。

【int型の3とdouble型の3.0の違い】

10進数	2進数
3	00000000000000000000000000000011
3.0	0100000000001000000000000000000000000000000000000000000000000000

異なる型同士の値に互換性はありません。そのため、Javaには**型変換**という異なる型同士の値の互換性を持たせる機能が用意されています。型変換には、広くする型変換と狭くする型変換の2種類があります。広くする型変換は、保持できる値の範囲が狭いデータ型から広いデータ型への変換です。もう一方の狭くする型変換は、保持できる値が広いデータ型から狭いデータ型への変換です。

狭くする型変換では、データのビット落ちが発生してしまう可能性があります。このようなコードは、意図したとおりに動作しない可能性があると判断され、コンパイルエラーが発生します。

【広くする型変換と狭くする型変換】

このようなコンパイルエラーを発生させないためには、キャスト演算子「( )」を使って、ビット落ちする危険性を認識していることを明示します。このように変換する意思を明示することから、狭くする型変換を「**明示的な型変換**」と呼びます。

なお、広くする型変換ではビット落ちが発生することがないため、キャスト演算子を使って型変換を明示する必要はありません。そのため、広くする型変換のことを「**暗黙の型変換**」と呼びます。

型変換は、次のコードで確認できます。

例 型変換

```
1.  public class Sample {
2.     public static void main(String[] args) {
3.         byte b1 = 8;
4.         short s1 = b1; // 暗黙の型変換
5.         short s2 = 264;
6.         byte b2 = (byte)s2; // 明示的な型変換
7.         int i = (int)5.7; // 明示的な型変換
8.     }
9.  }
```

次に4行目と6行目の型変換のイメージを示します。

【4行目と6行目の型変換のイメージ】

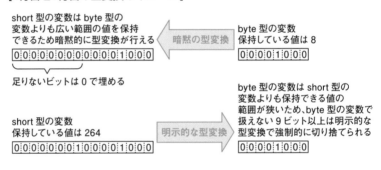

7行目の変数iには、小数点以下を切り捨てた値5を代入しています。

選択肢AとEは、整数を表すデータ型です。選択肢Aは浮動小数点数である2.5を、選択肢Eは3.0を代入しています。整数型変数へ小数点以下を含む値を代入することはできないため誤りです。

選択肢Bのfloat型は、浮動小数点数を表すデータ型です。5を5.0に暗黙の型変換をし、浮動小数点数型の変数へ代入しています。このように広くする型変換は自動的に行われます。選択肢Cのbyte型の変数が保持できる値の範囲は-128〜127です。代入している128は、保持できる値の範囲外であるため誤りです。選択肢Dのdouble型は浮動小数点数型で、4.3を代入できます。以上のことから、選択肢BとDが正解です。

8. C
→ P31

真偽値リテラルに関する問題です。
boolean型の変数は、trueかfalseの2種類のリテラルのみ扱うことができます。
各選択肢については以下のとおりです。

A. 「TRUE」とリテラルが大文字で記述されているため誤りです。リテラルも**大文字と小文字が区別される**ことに注意しましょう。
B. ダブルクォーテーション「"」で「true」が囲まれているため、文字列として扱われます。boolean型変数に文字列を代入することはできないため誤りです。
C. リテラル「false」は、boolean型変数に代入できます。
D. Javaでは、ほかのプログラミング言語のように0をfalseとして扱いません。よって、誤りです。
E. 「false」が文字としてシングルクォーテーション「'」で囲まれているため誤りです。

したがって、選択肢**C**が正解です。

試験対策

真偽値リテラルのtrueとfalseについて、次の2点を押さえておきましょう。
・ 大文字と小文字が区別される（TRUEとFALSEは、真偽値リテラルとはみなされない）
・ シングルクォーテーションやダブルクォーテーションで囲むと、真偽値リテラルとみなされない

9. C、D、E
→ P32

文字データの指定方法に関する問題です。
char型変数では文字を扱います。**文字**とは、1文字分のデータを表します。文字の値を指定する方法には、**シングルクォーテーション**「'」で1文字を囲む方法と、**Unicode**で指定する方法の2種類があるということに注意して解答しましょう。

各選択肢については以下のとおりです。

A. 「AB」という文字列がシングルクォーテーションで囲まれているため誤りです。
B. ダブルクォーテーション「"」で囲まれた文字列はchar型変数に代入できないため誤りです。文字が1文字であっても、ダブルクォーテーションで囲まれていると文字列リテラルとして扱われるので注意しましょう。

C. Unicode表記の文字はchar型変数に代入できます。Unicode表記の場合は、「¥uxxxx」のxxxxを16進数で表した文字コードで指定します。
D. シングルクォーテーションで囲まれた文字はchar型変数に代入できます。
E. Java言語では、文字を正の整数（0〜65535）に割り振って管理しています。整数の97をchar型変数に代入しています。97という文字コードには、「a」が割り振られています。

したがって、選択肢**C**、**D**、**E**が正解です。

 試験対策

char型で扱う「文字」とは、1文字分のデータです。値を指定する方法には以下の二通りがあります。
・シングルクォーテーションで1文字を囲む
・Unicodeで指定する

10. A、B、D
➡ P32

Stringに関する問題です。
Stringは、文字の集合体である文字列を扱うためのクラスです。文字列を持つインスタンスは、次のようにStringクラスを使って生成することができます。

例 Stringクラスの使用例

```
String str = new String("sample");   ← sampleという文字列を持つ
                                        Stringのインスタンスを生成
```

プログラムの中では文字列を頻繁に利用します。そこで、文字列を持つインスタンスを生成するコードを簡略化するために、**文字列リテラル**を記述するだけで自動的にStringのインスタンスが生成され、その参照が戻されるようになっています。文字列リテラルは、文字列を**ダブルクォーテーション**「"」で囲んで表します。String型変数が、参照を扱う参照型変数であることに注意しましょう。

シングルクォーテーション「'」は、文字列リテラルではなく、文字リテラルを表します。文字リテラルはchar型の値であり、参照を扱うString型変数で扱うことはできません。そのため、選択肢Cはコンパイルエラーとなります。

選択肢Eは、真偽値リテラルのtrueをString型変数に代入しようとしています。しかし、前述のとおりString型変数はStringのインスタンスへの参照しか扱えないため、真偽値リテラルを扱うことはできません。よって、選択肢Eもコンパイルエラーとなります。

選択肢A、B、Dは、ダブルクォーテーションを使って文字列リテラルを記述しています。したがって、コンパイルエラーとならないのは選択肢**A**、**B**、**D**です。

第 2 章

データ宣言と使用（解答）

11. D、F → P32

定数の宣言方法に関する問題です。
定数の宣言は次のように記述します。

構文

アクセス修飾子 final 定数の型 定数名;

変数の宣言と同様、「アクセス修飾子」は省略可能です。同じ型であれば、カンマ区切りで複数の定数を一度に宣言することも可能です。また、定数の宣言と初期化を同時に行う場合は、1行に記述します。

定数は、一度値を代入すると、その値を変更できません。プログラム内で固定値を扱いたい場合や、値の代入を1回に制限したい場合、定数を利用します。

次に定数の宣言のコード例を示します。

例 定数の宣言

```
1.   public class Sample {
2.       public static final int CODE = 100;
3.
4.       public Sample() {
5.           CODE = 200; // コンパイルエラー
6.       }
7.
8.       public static void main(String[] args) {
9.           final String name;
10.          name = "A";
11.          name = "B"; // コンパイルエラー
12.      }
13.      public void doMethod(final int a) {
14.          a = 1; // コンパイルエラー
15.      }
16.  }
```

※次ページに続く

2行目では、staticフィールドとして定数の宣言と初期化を行っています。

5行目と11行目は、一度初期化した定数に値を代入しているためコンパイルエラーとなります。定数は、初期化後に値の変更ができないことを覚えておきましょう。

14行目は、メソッド内で値を代入して変更することができないため、コンパイルエラーが発生します。これによって、メソッドに渡された値を誤って変更してしまうのを防ぐことができます。
選択肢DとFは、定数の宣言の文法にのっとっています。選択肢AとEは、**finalキーワード**の記述順番が文法にのっとっていないため誤りです。選択肢BとCは、キーワードにfinalでなくfrozenと記述されているため誤りです。

12. C ➡ P32

定数の宣言方法に関する問題です。
定数に値を代入できるのは一度だけです。
3行目では、定数COLORを宣言し、blueという文字列で初期化（1回目の代入）しています。5行目では、定数COLORに新しい値を代入しようとしていますが、初期化後の定数には値を代入できないため、コンパイルエラーが発生します。したがって、選択肢**C**が正解です。

13. D ➡ P33

変数の宣言方法に関する問題です。
変数は、利用する前に宣言しなければいけません。変数の宣言は、データ型と変数名のセットで行います（解答6を参照）。

3行目では、変数bに値を代入しようとしています。しかし、変数bを事前に宣言していないため、コンパイルエラーが発生します。したがって、選択肢**D**が正解です。

3行目を次のように修正すれば、コンパイルできるようになります。

例 設問のコード3行目の修正例

```
3.    char a = 'A'; char b = 'B';
```

14. B → P33

インスタンス変数の宣言の構文に関する問題です。

インスタンス変数は、インスタンスごとのデータを保持するための変数です。なお、インスタンス変数は「**インスタンスフィールド**」と呼ばれたり、単に「**フィールド**」と呼ばれたりもします。

インスタンスを生成すると、次の図のように、インスタンスごとに変数が作られます。

【インスタンス変数のイメージ】

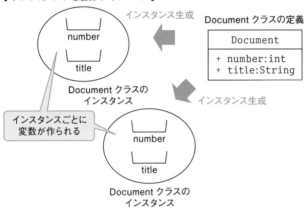

この図からわかるとおり、インスタンスごとに変数があるため、インスタンスごとに異なる値を保持できるのが特徴です。

インスタンス変数は次のように宣言します。

構文

アクセス修飾子　型名　変数名;

宣言する場所は、クラス定義の内側、メソッド定義の外側です。

例 インスタンス変数number、titleの宣言

```
public class Document {
    public int number;           インスタンス変数は、クラス定義の内側、
    public String title;         メソッド定義の外側で宣言する
    public void test() {
        // メソッド定義
    }
}
```

各選択肢については以下のとおりです。

A. 変数の型と変数名の記述順が逆になっているので誤りです。
B. アクセス修飾子privateでString型の変数titleを宣言しています。
C. アクセス修飾子privateの記述が宣言の先頭でないので誤りです。
D. アクセス修飾子privateと変数の型の記述順が逆になっているので誤りです。

したがって、選択肢**B**が正解です。

15.　A、C → P34

static変数の宣言の構文に関する問題です。
static変数とは、クラスに属するフィールドのことで、「**クラス変数**」や「**static
フィールド**」とも呼ばれます。解答14で説明したインスタンス変数はインスタンスごとに作られる変数ですが、static変数はクラス単位で作られる変数で、次の図のようにインスタンス間で共有されることが特徴です。static変数はインスタンスに作られる変数ではなく、**static領域**という場所に作られる変数です。

【static変数のイメージ】

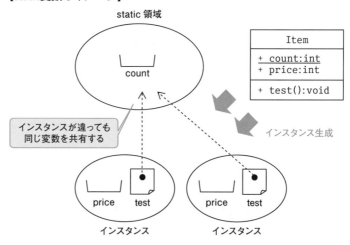

static変数は、このように複数のインスタンス間で共有されるため、あるインスタンスがstatic変数の値を変更すると、別のインスタンスからは変更後の値を参照できるようになります。

static変数の宣言は、次のように記述します。

構文

```
アクセス修飾子 static 型名 変数名;
```

「アクセス修飾子」とstaticキーワードの記述順は逆でもかまいません。宣言する場所は、クラス定義の内側、メソッドの外側です。

例 static変数の宣言

```
public class Item {
    public static int count; // static変数countの宣言
    public int price; // インスタンス変数priceの宣言
    public void test() {
        // any code
    }
}
```

各選択肢については以下のとおりです。

A. アクセス修飾子を省略し、static変数を宣言しています。
B. staticキーワードが変数宣言の最後に記述されているので誤りです。
C. staticキーワードとアクセス修飾子の記述順は逆でもかまいません。
D. 変数の型と変数名の記述順が逆になっているので誤りです。

したがって、選択肢**A**と**C**が正解です。

試験対策　static変数は、インスタンスに作られる変数ではなく、static領域にクラス単位で作られる変数です。インスタンス間で共有されるため、あるインスタンスがstatic変数の値を変更すると、別のインスタンスからは変更後の値を参照できるようになります。

試験対策　static変数を宣言する場所は、クラス定義の内側、メソッドの外側です。

16.　D　　　　　　　　　　　　　　　　　　　　　　　➡ P34

ローカル変数のスコープに関する問題です。
変数の**スコープ**とは、その変数が利用できる範囲のことです。変数のスコープは、その変数を宣言した箇所以降で、かつ宣言が含まれるブロック内のみです。変数のスコープのサンプルを次に示します。

例 変数のスコープ

```java
public class Sample1 {
    public static void main(String[] args) {
        int a = 0;                                  [変数aのスコープ]
        if(a >=0) {
            int b = 1;                  [変数bのスコープ]
            if(b >= 0) {
                b = b + 1;                  [変数cのスコープ]
                int c = b;
                System.out.println("c=" + c);
                b = b - 1;
            }
            System.out.println("b=" + b);
        }
        System.out.println("a=" + a);
    }
}
```

例 実行結果

```
c=2
b=1
a=0
```

次のように、変数のスコープ外で、変数を利用するとコンパイルエラーになるので注意しましょう。

例 スコープ外で変数を利用（コンパイルエラー）

```java
public class Sample2 {
  public static void main(String[] args) {
    for(int i = 0; i < 3; i++) {
      System.out.println(i);
    }
    System.out.println("i=" + i);  // 変数iのスコープ範囲外のためコンパイルエラー
  }
}
```

設問のコード5行目で、変数totalを宣言しています。totalのスコープは、宣言しているブロック内でかつ、宣言した箇所以降なので5～7行目です。8行目で、

変数totalにアクセスし、保持している値をコンソールに出力しようとしていますが、totalのスコープ外なのでコンパイルエラーとなります。したがって、選択肢**D**が正解です。

次のように、変数totalを宣言する行を変更すると、コンパイルエラーは発生せずに、totalが保持している値が出力されます。

例 修正したMainクラス

```
public class Main {
  public static void main(String[] args) {
    int a = 3;
    int total = 0;  // 変数totalの宣言をforブロックの外側へ移動
    for(int i = 0; i < 3; i++) {
      total += a;
    }
    System.out.print(total);
  }
}
```

17.　E

➡ P35

配列に関する問題です。

配列型変数は参照型変数の一種です。配列型変数は配列インスタンス（単に「配列」とも呼びます）への参照を保持します。配列インスタンスは、指定された個数の**要素**を持ち、各要素にデータを保持できます。要素を指定するための**添字**は0から開始されます。1からではないことに注意しましょう。たとえば、配列の長さが3の場合、添字は、0、1、2を指定できます。

【配列型変数と配列インスタンス】

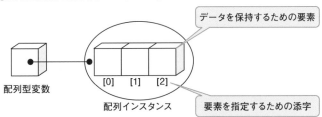

配列は、**プリミティブ型配列**と**オブジェクト型配列**の2種類に分類されます。プリミティブ型配列は、各要素に値を保持します。オブジェクト型配列は、各要素にインスタンスへの参照を保持します。

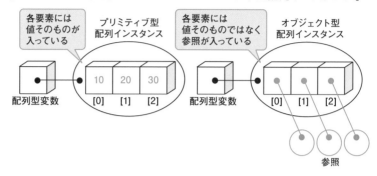

【プリミティブ型配列インスタンスとオブジェクト型配列インスタンス】

配列を利用するためには、配列型変数の宣言と配列インスタンスの生成を行う必要があります。**配列型変数の宣言**は、次のように記述します。

構文
```
要素のデータ型[ ] 変数名;
```

配列型変数が値を保持するのではなく、配列インスタンスの各要素が値を保持します。値を保持するためには、配列型変数の宣言だけでなく、値を保持するための配列インスタンスの生成を行わなければいけません。**配列インスタンスの生成**は、**new**キーワードを用いて次のように記述します。

構文
```
変数名 = new 要素のデータ型[要素数];
```

例 配列型変数の宣言と配列インスタンスの生成（1）

```
int[] array; // int配列型変数の宣言
array = new int[3]; // 配列インスタンスの生成、参照を変数に代入
```

配列型変数の宣言と配列インスタンスの生成を1行で行うには、次のように記述します。

構文
```
要素のデータ型[ ] 変数名 = new 要素のデータ型[要素数];
```

例 配列型変数の宣言と配列インスタンスの生成（2）

```
int[] array = new int[3]; // int配列型変数の宣言、配列インスタンスの生成、参照を変数に代入
```

以上のことから、選択肢**E**が正解です。その他の選択肢は以下の理由により
誤りです。

A. 配列インスタンスを生成するための要素数を指定していません。
B. 角カッコ「[ ]」ではなく丸カッコ「( )」を利用しています。
C. 配列型変数の宣言に角カッコが記述されていません。
D. 配列型変数の宣言で要素数を指定しています。

配列インスタンス（配列）とは、「要素」と呼ばれるデータの集合です。
要素には、0から始まる添字が付きます。配列型変数は、配列への参照を
保持するものです。

配列型変数の宣言、配列インスタンスの生成の構文をしっかり覚えま
しょう。

18.　A　　→ P35

配列とその要素の初期化に関する問題です。
配列インスタンスを生成した直後の要素は、次の表のようなデフォルト値で
暗黙的に初期化されます。
宣言時に値を入力することを**初期化**といいます。プログラムに初期化の処理
を明示的に記述できます。また、明示的に記述しない場合は、ローカル変数
以外は変数の型に応じてデフォルト値に初期化されます。**ローカル変数**とは、
メソッドブロック内で宣言した変数です。

【配列の要素のデフォルト値】

データ型の分類	デフォルト値
整数型	0
浮動小数点数型	0.0
文字型	¥u0000
真偽値	false
参照型	null

なお、配列のデフォルト値は次のコードで確認できます。

※次ページに続く

例 配列のデフォルト値の確認

```
public class Main {
  public static void main(String[] args) {
    // int配列型の変数intArrayを宣言し、要素数3の配列インスタンスを生成
    int[] intArray = new int[3];
    for(int element : intArray) {
      System.out.println(element);
    }
  }
}
```

例 実行結果

```
0
0     拡張for文でint配列型の要素を1つずつ
0     取り出して、デフォルト値の0を出力
```

あらかじめ配列の要素に代入するデータがわかっている場合は、変数宣言と同時にインスタンスの生成と要素の初期化を行うことができます。任意のデータで要素を初期化し、配列インスタンスを生成するには、次のように記述します。

構文

要素のデータ型[ ] 変数名 ＝ ｛要素のデータ，要素のデータ…｝;

また、初期化子「｛ ｝」で記述する初期化リストでは、要素のデータをカンマ区切りで複数列挙し、初期データを指定します。ただし、初期化リストを利用した配列インスタンスの生成および要素の初期化は、変数の宣言と同時でなければいけません。たとえば次のように、変数の宣言と配列インスタンスの生成、要素の初期化を複数の文に分割することはできません。

例 配列インスタンスの生成と要素の初期化（誤った例）

```
int[] array;
array = {3, 5, 1};
```

各選択肢については以下のとおりです。

56

A. 文法にのっとって、正しく記述されています。
B. 要素の初期化にはnewキーワードは不要です。よって、誤りです。
C. 初期化子を利用していないため、誤りです。
D. 変数宣言に丸カッコ「()」を利用しています。よって、誤りです。
E. 変数宣言に角カッコ「[ ]」が記述されておらず、配列型変数の宣言では
ありません。よって、誤りです。

したがって、選択肢**A**が正解です。

試験対策

要素のデータを初期化し、配列インスタンスを生成する構文をしっかり
覚えましょう。

19. D → P35

配列の要素数を調べる方法に関する問題です。
配列の**要素数**を参照するには、次のように記述します。

構文
配列の変数名. length

したがって、選択肢**D**が正解です。

lengthは、配列が確保した要素の数を数えます。値が入っている要素だけを
数えて返すわけではありません。たとえば、次のコードは配列に要素を入れ
るかどうかにかかわらず、確保した要素数である「3」を表示します。

例 lengthの使用例

```
Object[] array = new Object[3];
System.out.println(array.length);
```

試験対策

配列の要素数は、lengthで取得します。

配列の要素を参照する方法と添字の指定方法に関する問題です。
要素のデータを参照するには、次のように記述します。

構文

配列の変数名[添字]

添字は0から開始します。1からではない点に注意しましょう。

設問のコードの3行目では、int配列型変数arrayの宣言と同時に、3、7、5の値で初期化された配列インスタンスを生成しています。4行目では、添字1を指定して要素の値をコンソールに出力します。

設問のコードで1つ目の値である3を表示するには、添字を0と指定しなければいけません。よって、選択肢Aは誤りです。2つ目の要素の値は7なので、4行目で画面に表示されるのは7です。よって、選択肢**B**が正解です。
3行目の配列型変数の宣言と初期化方法、4行目の配列の要素の参照方法は文法にのっとっているためコンパイルエラーにはなりません。よって、選択肢Cは誤りです。

配列の添字に関する問題です。
配列の要素数以上の添字を指定すると、**実行時に例外**（ArrayIndexOutOfBoundsException）が発生します。たとえば、3つの要素を持つ配列に添字3でアクセスすると、存在しない4番目にアクセスすることになるため、実行時に例外が発生します。このように要素外にアクセスするコードを記述しても文法上は問題ないのでコンパイルエラーは発生しません。

設問のコードの3行目では、int配列型変数arrayの宣言と同時に、1、0、2、3の値で初期化された配列インスタンスを生成しています。配列の添字は0から始まるため、この場合は0〜3となります。4行目では添字に4を指定して値をコンソールに出力しようとしていますが、配列の要素数を超えているため実行時に例外が発生します。したがって、選択肢**D**が正解です。

【設問のコードで生成された配列インスタンスのイメージ】

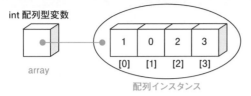

その他の選択肢は以下の理由により誤りです。

A. 3を表示するためには、添字に3を指定しなければいけません。
B. 配列インスタンスは、4という値を保持していません。
C. 3行目の配列型変数の宣言と初期化方法、4行目の配列の要素の参照方法も
文法にのっとっています。したがって、コンパイルエラーにはなりません。

試験対策　配列の要素数以上の添字で指定した要素にアクセスすると、実行時に例外が発生します。

22. C

→ P37

配列の要素への代入に関する問題です。配列は、あるデータ型の集合を表します。int配列型は、int型しか扱わない配列という意味です。そのため、int配列型の要素にint型以外の値を代入することはできません。配列の要素のデータ型と代入する値の型が一致しなければいけないことに注意しましょう。

設問のコードの3行目では、int配列型変数arrayの宣言と同時に、配列インスタンスを生成しています。4行目では、添字0の要素にdouble型の3.5を代入しようとしています。解答7で説明したとおり、double型の値をキャスト演算子「()」で明示的に型変換せずに、int型の配列要素に代入しようとすると、ビット落ちするためコンパイルエラーになります。したがって、選択肢Cが正解です。また、このプログラムは実行できないので、選択肢Dは誤りです。

選択肢Aのように3を表示するためには、4行目を「array[0] = (int)3.5;」としなければいけません。ただし、3.5を3と表示するようなプログラムは、実際の開発においては適切とはいえません。この場合、以降の処理では小数点以下が切り捨てられた数値で演算されてしまい、意図しない演算結果となる可能性があります。
3.5と表示するためには、「double[] array = new double[3]」のように、3行目のデータ型intをdoubleに変更する必要があります。

配列型変数の参照の値渡しに関する問題です。
配列型変数に代入されている参照は、別の配列型変数に代入することができます。

設問のコードの3行目では、int配列型変数array1の宣言と同時に、3、8、4の値で初期化された配列インスタンスを生成しています。4行目では、int配列型変数array2を宣言し、array1が保持している配列インスタンスへの参照を代入しています。ここでは、array1の保持している参照をarray2へコピーしています。前述のとおり、array1の保持している参照がarray2へコピーされているため、array2はarray1と同じ配列インスタンスへの参照を保持しています。したがって、array2の添字0を指定すると、array1の添字0と同じ要素を指定したのと同じことになります。array1の0番目の要素は3を保持しているため、コンソールには3が表示されます。したがって、選択肢**B**が正解です。

【配列型変数の参照の値渡し】

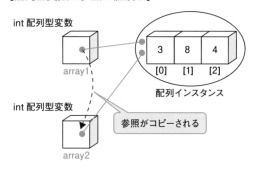

その他の選択肢は以下の理由により誤りです。

A. array2が参照している配列インスタンスは、0を保持していません。よって、0は表示されません。
C. 3行目の配列型変数の宣言と初期化方法、4行目の配列型変数の代入方法、5行目の配列の要素の参照方法は、すべて文法にのっとっています。
D. コードは実行され、例外は発生しません。

javaコマンドのコマンドライン引数に関する問題です。
コマンドライン引数は、プログラム実行時にコマンドラインで指定した文字列をプログラムに渡すために利用します。javaコマンド実行時のコマンドライン引数の指定方法は次のとおりです。

構文

> java クラス名 文字列

コマンドライン引数を複数記述したい場合は、次のように**半角スペース**で区切って列挙します (選択肢**C**)。

構文

> java クラス名 文字列1 文字列2 文字列3…

mainメソッドの**仮引数**で宣言するString配列型変数の要素が、コマンドライン引数の文字列をJVMから受け取ります。

設問のコードの3行目では、mainメソッドの仮引数で宣言しているString配列型変数argsの添字0を指定し、要素の値をコンソールに出力しています。4行目では、argsの添字1を指定し、要素の値をコンソールに出力しています。

その他の選択肢は以下の理由により誤りです。

A. 「Hello」と「World」が半角スペースで区切られていません。そのため、コマンドライン引数が1つの文字列と認識され、4行目で指定した添字1の要素の値は参照できません。
B. 半角スペースで区切られていますが、カンマがコマンドライン引数の1つ目に含まれているためコンソールには「Hello,」のようにカンマも含めて出力されます。
D. コマンドライン引数の1つ目の文字列には丸カッコの始まりが含まれており、2つ目の文字列には丸カッコの終わりが含まれています。コンソールには、それらも含めて「(Hello」「World)」と出力されます。

試験対策

javaコマンド実行時に指定される文字列は、mainメソッドの仮引数に渡されます。複数指定する場合は、半角スペースで区切って列挙します。1番目に指定された文字列は添字0、2番目は添字1の要素というように、mainメソッドの引数に渡されます。

---

25. D → P38

コマンドライン引数に関する問題です。
コマンドライン引数を指定して実行した場合、コマンドライン引数の数と同じ要素数の配列インスタンスが生成され、指定した文字列で初期化されます。なお、コマンドライン引数を指定しない場合でも、必ず配列インスタンスは生成されます。この場合は、要素数0の配列インスタンスが生成されます。

要素数0の配列とは、要素を1つも持たない配列です。配列インスタンスが生成されているかは、次のコードで確認できます。

例 配列インスタンスが生成されているかを確認

```java
public class Main {
    public static void main(String[] args) {
        System.out.println(args.length);
    }
}
```

上記のプログラムをコマンドライン引数を指定しないで実行すると、0が表示されます。

設問のコード3行目では、mainメソッドの仮引数で宣言しているString配列型変数argsの添字0を指定し、要素の値をコンソールに出力しています。
コマンドライン引数を指定していない場合は、String配列型変数argsは要素数0の配列インスタンスへの参照を保持します。3行目で参照している添字0、つまり1つ目の要素は存在しません。そのため、このプログラムはコンパイルが成功しても、実行時に例外が発生します。したがって、選択肢Dが正解です。

【要素0の配列インスタンスのイメージ】

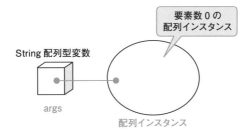

その他の選択肢は以下の理由により誤りです。

A. 0を表示するには、コマンドライン引数の1つ目に0を指定する必要があります。
B. 前述のとおり、コマンドライン引数を指定しない場合は要素数0の配列インスタンスが生成されますが、配列インスタンスの要素が長さ0の文字列で初期化されることはありません。
C. 2行目の配列型変数の宣言方法、3行目の配列の要素の参照方法も文法にのっとっています。したがって、コンパイルエラーにはなりません。

第 3 章

演算子と分岐文

1. 次のプログラムをコンパイル、実行したときの結果として、正しいもの
を選びなさい。（1つ選択）

```
1.  public class Main {
2.      public static void main(String[] args) {
3.          System.out.println(5 / 2);
4.      }
5.  }
```

A.   2.5が表示される
B.   2が表示される
C.   コンパイルエラーが発生する
D.   実行時に例外がスローされる

➡ P78

2. 次のプログラムをコンパイル、実行したときの結果として、正しいもの
を選びなさい。（1つ選択）

```
1.  public class Main {
2.      public static void main(String[] args) {
3.          System.out.println(2 * 3.0);
4.      }
5.  }
```

A.   6が表示される
B.   6.0が表示される
C.   コンパイルエラーが発生する
D.   実行時に例外がスローされる

➡ P78

3. 次のプログラムをコンパイル、実行したときの結果として、正しいもの
を選びなさい。（1つ選択）

```
1.  public class Main {
2.      public static void main(String[] args) {
3.          System.out.println(10 % 3);
4.      }
5.  }
```

A. 1が表示される
B. 3が表示される
C. コンパイルエラーが発生する
D. 実行時に例外がスローされる

➡ P79

4. 次のプログラムをコンパイル、実行したときの結果として、正しいものを選びなさい。（1つ選択）

```
1.  public class Main {
2.      public static void main(String[] args) {
3.          int i = 2;
4.          i *= 3;
5.          System.out.println(i);
6.      }
7.  }
```

A. 2が表示される
B. 6が表示される
C. コンパイルエラーが発生する
D. 実行時に例外がスローされる

➡ P79

5. 次のプログラムをコンパイル、実行したときの結果として、正しいものを選びなさい。（1つ選択）

```
1.  public class Main {
2.      public static void main(String[] args) {
3.          int i = 1;
4.          i--;
5.          System.out.println(i);
6.      }
7.  }
```

A. 1が表示される
B. 0が表示される
C. コンパイルエラーが発生する
D. 実行時に例外がスローされる

➡ P79

6. 次のプログラムをコンパイル、実行したときの結果として、正しいもの
を選びなさい。(1つ選択)

```
1.  public class Main {
2.      public static void main(String[] args) {
3.          System.out.println(10 + "5");
4.      }
5.  }
```

A. 105が表示される
B. 15が表示される
C. コンパイルエラーが発生する
D. 実行時に例外がスローされる

➡ P80

7. 次のプログラムをコンパイル、実行したときの結果として、正しいもの
を選びなさい。(1つ選択)

```
1.  public class Main {
2.      public static void main(String[] args) {
3.          System.out.println(2 * 3 + 4 / 2);
4.      }
5.  }
```

A. 5が表示される
B. 7が表示される
C. 8が表示される
D. コンパイルエラーが発生する
E. 実行時に例外がスローされる

➡ P81

8. 次のプログラムをコンパイル、実行したときの結果として、正しいもの
を選びなさい。（1つ選択）

```
1.  public class Main {
2.      public static void main(String[] args) {
3.          System.out.println((7 + 2) * 2 / (2 - 6));
4.      }
5.  }
```

- A.　3が表示される
- B.　-4が表示される
- C.　-4.5が表示される
- D.　コンパイルエラーが発生する
- E.　実行時に例外がスローされる

➡ P81

9. 次のプログラムをコンパイル、実行したときの結果として、正しいもの
を選びなさい。（1つ選択）

```
1.  public class Main {
2.      public static void main(String[] args) {
3.          System.out.println(5 + 10 + "5");
4.      }
5.  }
```

- A.　155が表示される
- B.　20が表示される
- C.　5105が表示される
- D.　コンパイルエラーが発生する
- E.　実行時に例外がスローされる

➡ P82

10. 次のプログラムをコンパイル、実行したときの結果として、正しいもの
を選びなさい。(1つ選択)

```
1.  public class Main {
2.      public static void main(String[] args) {
3.          int a = 2;
4.          int b = 5;
5.          System.out.println(++a + b--);
6.      }
7.  }
```

A.　6が表示される
B.　7が表示される
C.　8が表示される
D.　コンパイルエラーが発生する
E.　実行時に例外がスローされる

➡ P82

11. 次のプログラムをコンパイル、実行したときの結果として、正しいもの
を選びなさい。(1つ選択)

```
1.  public class Main {
2.      public static void main(String[] args) {
3.          int a = 0;
4.          if(a = 0)
5.              System.out.print("A");
6.      }
7.  }
```

A.　「A」と表示される
B.　何も表示されない
C.　コンパイルエラーが発生する
D.　実行時に例外がスローされる

➡ P83

12. 次のプログラムをコンパイル、実行したときの結果として、正しいもの
を選びなさい。(1つ選択)

```
1.  public class Main {
2.     public static void main(String[] args) {
3.        if(false)
4.           System.out.print("A");
5.           System.out.print("B");
6.           System.out.print("C");
7.     }
8.  }
```

A. 何も表示されない
B. 「BC」と表示される
C. 「ABC」と表示される
D. コンパイルエラーが発生する
E. 実行時に例外がスローされる

➡ P84

13. 次のプログラムをコンパイル、実行したときの結果として、正しいもの
を選びなさい。(1つ選択)

```
1.  public class Main {
2.     public static void main(String[] args) {
3.        int a = 0;
4.        if(a == 1) {
5.           System.out.print("A");
6.        } else {
7.           System.out.print("B");
8.        }
9.        System.out.print("C");
10.    }
11. }
```

A. 「AC」と表示される
B. 「BC」と表示される
C. 「C」と表示される
D. コンパイルエラーが発生する
E. 実行時に例外がスローされる

➡ P84

14. 次のプログラムをコンパイル、実行したときの結果として、正しいもの
を選びなさい。(1つ選択)

```
 1.  public class Foo {
 2.      public static void main(String[] args) {
 3.          String str1 = "sample";
 4.          String str2 = "sample";
 5.          if(str1 == str2){
 6.              System.out.print("same");
 7.          } else {
 8.              System.out.print("different");
 9.          }
10.      }
11.  }
```

A. 「same」と表示される
B. 「different」と表示される
C. 何も表示されない
D. コンパイルエラーが発生する

➡ P85

15. 次のプログラムをコンパイル、実行したときの結果として、正しいもの
を選びなさい。(1つ選択)

```
 1.  public class Main {
 2.      public static void main(String[] args) {
 3.          int a = 80;
 4.          if(a < 50) {
 5.              System.out.print("A");
 6.          } else if(a < 70) {
 7.              System.out.print("B");
 8.          } else {
 9.              System.out.print("C");
10.          }
11.      }
12.  }
```

A. 「A」と表示される
B. 「B」と表示される

C.　「C」と表示される
D.　コンパイルエラーが発生する
E.　実行時に例外がスローされる

➡ P86

□ **16.** 次のプログラムをコンパイル、実行したときの結果として、正しいもの
を選びなさい。（1つ選択）

```
1.  public class Main {
2.     public static void main(String[] args) {
3.         int a = 80;
4.         int b = 60;
5.         if(a >= 80 && b >= 80) {
6.             System.out.print("A");
7.         } else if(a >= 80 || b >= 80) {
8.             System.out.print("B");
9.         } else {
10.            System.out.print("C");
11.        }
12.     }
13.  }
```

A.　「A」と表示される
B.　「B」と表示される
C.　「C」と表示される
D.　コンパイルエラーが発生する
E.　実行時に例外がスローされる

➡ P87

17. 次のプログラムをコンパイル、実行したときの結果として、正しいもの
を選びなさい。（1つ選択）

```
 1.  public class Main {
 2.      public static void main(String[] args) {
 3.          int a = 0;
 4.          int b = 0;
 5.          if(++a > 0 || ++b > 0) {
 6.              System.out.print("a=" + a);
 7.              System.out.print(",b=" + b);
 8.          }
 9.      }
10.  }
```

A. 何も表示されない
B. 「a=0,b=0」と表示される
C. 「a=1,b=1」と表示される
D. 「a=1,b=0」と表示される
E. 「a=0,b=1」と表示される

→ P88

18. 次のプログラムの5行目、8行目に挿入するコードとして、正しいものを
選びなさい。（1つ選択）

```
 1.  public class Main {
 2.      public static void main(String[] args) {
 3.          int a = 1;
 4.          switch (a) {
 5.              // insert code here
 6.                  System.out.println("A");
 7.                  break;
 8.              // insert code here
 9.                  System.out.println("B");
10.                  break;
11.          }
12.      }
13.  }
```

A.　5行目　when 1:
　　　8行目　when 2:

B.　5行目　else 1:
　　　8行目　else 2:

C.　5行目　while 1:
　　　8行目　while 2:

D.　5行目　case 1:
　　　8行目　case 2:

➡ P90

19. 次のプログラムをコンパイル、実行したときの結果として、正しいもの
　　　を選びなさい。（1つ選択）

```
1.  public class Main {
2.     public static void main(String[] args) {
3.         double b = 1.5;
4.         switch (b) {
5.             case 1.0:
6.                 System.out.print("A");
7.                 break;
8.             case 1.5:
9.                 System.out.print("B");
10.                break;
11.            case 2.0:
12.                System.out.print("C");
13.                break;
14.        }
15.    }
16. }
```

A.　「A」と表示される
B.　「B」と表示される
C.　「C」と表示される
D.　コンパイルエラーが発生する
E.　実行時に例外がスローされる

➡ P91

20. 次のプログラムを実行し、「Z」が表示されるようにしたい。9行目に挿入するコードとして正しいものを選びなさい。（1つ選択）

```
1.   public class Main {
2.       public static void main(String[] args) {
3.           char c = 'e';
4.           switch (c) {
5.               case 'a':
6.                   System.out.print("A");
7.               case 'b':
8.                   System.out.print("B");
9.                   // insert code here
10.                  System.out.print("Z");
11.          }
12.      }
13.  }
```

A.   end:

B.   finally:

C.   default:

D.   exit:

➡ P91

21. 次のプログラムをコンパイル、実行したときの結果として、正しいもの
を選びなさい。（1つ選択）

```
1.  public class Main {
2.      public static void main(String[] args) {
3.          int a = 1;
4.          switch (a) {
5.              case 1:
6.                  System.out.print("A");
7.              case 2:
8.                  System.out.print("B");
9.                  break;
10.             case 3:
11.                 System.out.print("C");
12.                 break;
13.         }
14.     }
15. }
```

A. 「BC」と表示される
B. 「B」と表示される
C. 「AB」と表示される
D. コンパイルエラーが発生する
E. 実行時に例外がスローされる

➡ P91

次のプログラムをコンパイル、実行したときの結果として、正しいもの
を選びなさい。(1つ選択)

```
1.  public class Main {
2.      public static void main(String[] args) {
3.          String name = "cd";
4.          switch (name) {
5.              case "book":
6.                  System.out.print("本");
7.                  break;
8.              case "game":
9.                  System.out.print("ゲーム");
10.                 break;
11.             default:
12.                 System.out.print("その他");
13.         }
14.     }
15. }
```

A. 「本」と表示される
B. 「ゲーム」と表示される
C. 「その他」と表示される
D. コンパイルエラーが発生する
E. 実行時に例外がスローされる

➡ P92

23. 次のプログラムをコンパイル、実行したときの結果として、正しいもの
を選びなさい。（1つ選択）

```
1.  public class Main {
2.     public static void main(String[] args) {
3.         int a = 1;
4.         switch (a) {
5.             case 1:
6.                 System.out.print("A");
7.             case 2:
8.                 System.out.print("B");
9.             default:
10.                System.out.print("C");
11.         }
12.     }
13. }
```

A. 「ABC」と表示される
B. 「AB」と表示される
C. 「A」と表示される
D. コンパイルエラーが発生する
E. 実行時に例外がスローされる

➡ P92

第3章　演算子と分岐文
解　答

1. B

➡ P64

整数値同士の演算に関する問題です。
整数値同士の演算の結果が小数になる場合、**小数点以下の値が切り捨てられる点**に注意しましょう。

設問のコード3行目では、**除算演算子「/」**を使って5を2で割り、結果を表示しています。演算の結果は2.5ですが、整数同士の演算であるため小数点以下が切り捨てられ、演算結果は2となります。したがって、選択肢**B**が正解です。

2.5が表示されるようにするには、「System.out.println(5.0 / 2);」のように、3行目の整数値を浮動小数点数に変更します。式を「5.0 / 2」とすることによって、int型の数値2がdouble型の数値5.0の精度に合わせて、2.0に変換されて計算されます（選択肢A）。

2. B

➡ P64

浮動小数点数を含む演算に関する問題です。
2つのオペランドの型が異なる場合、**精度が低い数値の型を、精度の高い数値の型に合わせて**から演算されます。たとえば、int型とdouble型の数値の演算の場合であれば、int型の数値はdouble型に型変換されてから演算されます。

設問のコード3行目では、**乗算演算子「*」**を使って2と3.0の乗算結果を表示しています。int型の2が、double型の数値3.0の精度に合わせて、2.0に変換されて計算されるため、演算結果は6.0となります。したがって、選択肢**B**が正解です。

int型の2とdouble型の2.0は、プログラムにとってはまったく異なる値です。次の図に示すとおり、2と2.0を2進数で表すとよくわかります。コンピュータは、2進数で値を扱うことをよく覚えておきましょう。

【int型の2とdouble型の2.0】

10 進数	2 進数
2	00000000000000000000000000000010
2.0	0100000000000000000000000000000000000000000000000000000000000000

なお、6が表示されるようにするには、「System.out.println(2 * (int)3.0);」
または、「System.out.println((int)(2 * 3.0));」としなければいけません
（選択肢A）。

3. A ⇒ P64

剰余演算子に関する問題です。
剰余演算子「%」は、割り算の余りを算出するための演算子です。

設問のコードでは、3行目で10と3の剰余算の結果を表示します。10を3で割っ
た余りは1なので、選択肢**A**が正解です。

3を表示させるようにするには、剰余算ではなく「10 / 3」と除算します（選
択肢B）。

4. B ⇒ P65

代入演算子「=」と算術演算子を組み合わせた複合代入演算子に関する問題
です。
算術演算子を用いた**複合代入演算子**には、次の5種類があります。

【複合代入演算子】

複合代入演算子	使用例	算術演算子での記述
+=	x += y	x = x + y
-=	x -= y	x = x - y
*=	x *= y	x = x * y
/=	x /= y	x = x / y
%=	x %= y	x = x % y

設問のコードでは、3行目で変数iに2を代入し、4行目で乗算の複合代入演算を
実行しています。複合代入演算では、変数iの値2と3を乗算し、その結果をi
に代入しています。したがって、選択肢**B**が正解です。

5. B ⇒ P65

デクリメント演算子に関する問題です。
デクリメント演算子「--」は、変数の値から1を減算します。また、**インク
リメント演算子「++」**は、変数の値に1を加算します。

※次ページに続く

【インクリメント演算子とデクリメント演算子】

名称	演算子	使用例	算術演算子での記述
インクリメント	++	x++ または ++x	x = x + 1
デクリメント	--	x-- または --x	x = x - 1

設問のコードでは、4行目でデクリメント演算子を使い、変数iの値を1減算します。3行目で変数iは1で初期化されているため、デクリメントの演算結果では、変数iの値は0になります。したがって、選択肢**B**が正解です。

---

6. **A** → P66

文字列の連結に関する問題です。

文字列連結演算子「+」は、数値同士の場合は数値の加算として処理されますが、文字列がオペランドに指定されている場合は文字列連結として処理される点に注意しましょう。

数値と文字列の「+」演算では、数値が文字列に変換され、2つの文字列が連結されます。次のコードは、数値が文字列に変換されて連結される例です。

例 文字列連結演算子の使用例（1）

```
System.out.println("3" + 7);
```

このコードは、次のように数値7が文字列 "7" に変換され、文字列連結として処理されます。そのため、次のようなコードと同じ意味を持ちます。

例 文字列連結演算子の使用例（2）

```
System.out.println("3" + "7");
```

これら2つのコードは、いずれもコンソールに「37」を表示します。

設問のコードの3行目では、数値10と文字列 "5" を +演算子で処理しています。前述のとおり、数値10は文字列 "10" に変換されたあとに文字列連結されます。これにより、文字列連結の結果は "105" になります。したがって、選択肢**A**が正解です。+演算子のオペランドに文字列が指定されているため、数値として加算されません（選択肢B）。

7.　C

➡ P66

演算子の優先順位に関する問題です。

演算子の**優先順位**とは、式の中で複数の演算子が使われている場合、どの演算子から実行されていくかの順序のことです。

算術演算子「*」「/」「%」「+」「-」の優先順位は次のとおりです。

【算術演算子の優先順位】

優先順位	演算子
高い	* / %
低い	+ -

また、演算処理はカッコ「（ ）」で囲まれた演算式が優先されます。たとえば「3 * (4 + 2)」という式の場合、「3 * 4」よりも先に、カッコで囲まれた「4 + 2」が処理され、その後「3 * 6」が処理されます。演算の結果は18になります。設問のコードの3行目「2 * 3 + 4 / 2」は、まず「2 * 3」が処理されます。次に、演算子の優先順位に従って「+」よりも先に「4 / 2」が処理されます。そして、最後に「6 + 2」が実行され、8が表示されます。したがって、選択肢**C**が正解です。

8.　B

➡ P67

演算子の優先順位に関する問題です。カッコ「（ ）」で囲まれた式の演算が優先されることに注意して解きましょう。

設問のコード3行目「(7 + 2) * 2 / (2 - 6)」は、カッコで囲まれた加算「7 + 2」が乗算よりも優先して処理されます。次に、その加算の結果を用いて「9 * 2」が処理されます。続いて、「18 / (2 - 6)」は除算よりもカッコで囲まれた減算「2 - 6」が優先され、「18 / -4」が処理されます。整数値と整数値の演算のため、結果は「-4.5」ではなく、整数値の「-4」になります。したがって、選択肢**B**が正解です。

試験対策　　カッコで囲まれた式の演算が優先されることを覚えておきましょう。

9. A ➡ P67

演算処理の順序に関する問題です。
演算子の優先順位が同じ場合、**左側から右側へ**順に演算されます。

設問のコードの3行目では、+演算子による演算を行い、コンソールに表示しています。まず、左側の式「5 + 10」が処理されて結果は15となります。次に、「15 + "5"」が処理されます。このときに、+演算子は数値の15と文字列の "5" の文字列連結演算子として働くため、結果は "155" となります。したがって、選択肢**A**が正解です。

10. C ➡ P68

インクリメント演算子やデクリメント演算子の前置、後置に関する問題です。前置、後置で演算処理の順序が変わる点に注意しましょう。

前置は、「++x」のようにオペランドの前に演算子を付けます。後置は、「x++」のようにオペランドの後ろに演算子を付けます。前置のインクリメントでは、オペランドに1を加算してから、その次の処理を実行します。後置のインクリメントでは、オペランドの値のコピーを戻してから、オペランドに1を加算します。次のコードで前置と後置の違いを確認することができます。

例 前置のインクリメントと後置のインクリメント

```
1.   public class Sample {
2.     public static void main(String[] args) {
3.       int a = 1;
4.       int b = 1;
5.       System.out.println(++a);  // 前置のインクリメント
6.       System.out.println(a);
7.       System.out.println(b++);  // 後置のインクリメント
8.       System.out.println(b);
9.     }
10.  }
```

【実行結果】

```
2
2
1
2
```

この例では、変数a、bをそれぞれ1で初期化しています。5行目では、前置でインクリメントしています。コンソールに表示する前に、aに1が加算されるので2が表示されます。7行目では後置でインクリメントしているため、コンソールにはインクリメントする前の値である1が表示されます。その後、インクリメント演算子によってbに1が加算されるため、8行目では2が表示されます。

設問のコードの5行目「++a + b--」では、まず、前置されている変数aのインクリメントが処理され、値が2から3に増えます。次に、変数bのデクリメントでは後置されているため、減算される前のbの値のコピーが戻され、+演算子によって加算されます。その後、bの値から1が減算されます。変数aは3、変数bは5を保持しているので、8がコンソールに表示されます。したがって、選択肢**C**が正解です。変数bの値は、コンソールへの表示後にデクリメントされ、5から4に減ります。

試験対策

> インクリメントやデクリメントの演算処理は、前置か後置かによって1を加算または減算する処理の順序が変わります。前置は、オペランドに1を加算または減算してから次の処理を実行します。後置は、オペランドの値のコピーを戻してから、オペランドに1を加算または減算します。

11. C

➡ P68

if文の文法に関する問題です。
条件によって処理を分岐するには、**if文**を使います。

if文の構文は次のとおりです。

構文
```
if（条件式）{
    // 処理
}
```

「条件式」の結果は、**boolean**型の値（trueまたはfalse）である必要があります。条件式の結果がtrueの場合、ifブロック内の処理が実行されます。falseの場合は実行されません。なお、処理を表すコードが複数ある場合、ifブロックを表す中カッコ「{ }」を省略すると、最初の1文だけが条件に合致するときの処理として実行されます。ただし、中カッコの省略によりコードの可読性が損なわれるため、推奨されません。

設問のコードの4行目では、if文の条件式は変数aに代入しているだけでboolean型の値を戻しません。そのため、コンパイルエラーになります。し

たがって、選択肢**C**が正解です。また、このプログラムは実行できないので、選択肢Dは誤りです。

選択肢Aのように「A」と表示するためには、条件式の結果がtrueになるよう、「a == 0」と記述します。選択肢Bのように何も表示しないようにするためには、条件式の結果がfalseとなるよう、たとえば「a != 0」などと記述します。

試験対策

if文について、次の2点を押さえておきましょう。
・ 条件式の結果は、boolean型の値を戻さなければコンパイルエラーになる
・ 複数の処理がある場合、中カッコを省略すると最初の1文だけが実行される

12. B → P69

if文の処理フローに関する問題です。ifブロックを表す中カッコ「{ }」を省略すると、条件式の結果がtrueの場合に次の1文だけが実行されることに注意しましょう。設問のコードは次のコードと同じです。

例 設問のコードのifブロックに中カッコが付いている場合

```
3.  if(false) {
4.      System.out.print("A");
5.  }
6.  System.out.print("B");
7.  System.out.print("C");
```

設問のコードの3行目では、条件式にfalseが設定されているため、4行目は処理されずifブロックを抜けます。次に、ifブロックの外の5行目、6行目を順に実行し、「BC」と表示されます。したがって、選択肢**B**が正解です。

13. B → P69

if-else文に関する問題です。
条件に合致した場合と、合致しなかった場合で処理を分岐するには、**if-else**文を使います。

if-else文の構文は、次のとおりです。

構文

```
if（条件式）{
    // 条件式がtrueの場合の処理
} else {
    // 条件式がfalseの場合の処理
}
```

条件式の結果がtrueの場合にはifブロック内の処理が、falseの場合にはelseブロック内の処理が実行されます。各ブロック内に複数の処理がある場合、中カッコ「{ }」を省略すると、最初の1文だけが実行されます。

設問のコードでは変数aに0を代入しているため、4行目の条件式はfalseを戻します。よって、5行目は処理されず、7行目が処理され、「B」が表示されます。if-else文の終了後、9行目が処理され、「C」が表示されます。したがって、選択肢**B**が正解です。

14. A

➡ P70

==演算子と同一性に関する問題です。
Stringのインスタンスは、**文字列リテラル**を記述するだけで生成されます。文字列リテラルごとにメモリを確保し、インスタンスを生成していては、メモリの消費や処理の負荷が高くなるといったことが起きてしまいます。そこで、メモリ消費を抑えたり、処理の負荷を軽減したりするために、Javaでは**コンスタントプール**という仕組みを使い、同じ文字列リテラルによって生成されるStringのインスタンスを使い回しています。

設問のコードでは、3行目でString型変数str1を宣言し、sampleという文字列を持つStringのインスタンスを生成し、str1に参照を代入しています。次の4行目でも同じ文字列を使っているため、3行目で生成したStringのインスタンスへの参照が使い回しされます。そのため、変数str1とstr2は同じインスタンスへの参照を持っていることになります。このように同じインスタンスへの参照を持つことを「同一」と呼びます。設問の場合は、「変数str1とstr2は同一である」といえます。

==演算子は、変数の内容（インスタンスへの参照）が同じであるかという同一性を判定します。5行目のif文の条件式では、str1とstr2の2つの変数が同一であるかどうかを判定しています。前述のとおり、この2つの変数は同じ参照を持っているため、この条件式の結果はtrueとなります。そのため、コンソールには「same」と表示されます。

以上のことから、選択肢**A**が正解となります。

if-else if-else文に関する問題です。
複数の条件がある場合、条件ごとに処理内容を分岐するには、**if-else if-else**
を使います。

if-else if-else文の構文は、次のとおりです。

構文

```
if(条件式1) {
    // 条件式1がtrueの場合の処理
} else if(条件式2) {
    // 条件式2がtrueの場合の処理
} else {
    // 条件式1、条件式2がfalseの場合の処理
}
```

条件式1の結果がtrueの場合は、ifブロック内の処理が実行されます。条件式
1がfalseの場合は条件式2が評価され、その結果がtrueの場合はelse ifブロック
内の処理が実行されます。条件式2の結果もfalseの場合は、elseブロック内の
処理が実行されます。次の図は、if-else if-else文の分岐処理を表したものです。

【if-else if-else文】

なお、各ブロック内に複数の処理がある場合、中カッコ「{ }」を省略する
と最初の1文だけが実行されます。
また、else if句は、必要に応じて複数にすることもできます。そのほかに、
else句を省略することもできます。次のコードは、複数のelse if句があり、
else句を省略した例です。この場合、それぞれの条件に合致しなければ、何
も処理が行われません。

例 複数のelse if句とelse句の省略

```
if(a < 50) {
    System.out.print("A");
} else if(a < 70) {
    System.out.print("B");
} else if(a < 80) {
    System.out.print("C");
}
```

設問のコードでは、変数aが80で初期化されています。4行目の条件式はfalse
を戻すため、ifブロック内の処理は実行されません。続いて6行目の条件式が
評価され、falseが戻されるためelse ifブロック内の処理は実行されません。4行
目、6行目の条件式の結果がfalseのため、elseブロック内の処理が実行され、「C」
が表示されます。したがって、選択肢**C**が正解です。

試験対策 if-else if-else文もif文と同様に、条件式の結果はboolean型の値を戻さなけ
ればコンパイルエラーになります。また、if、else if、elseの各ブロックで
は、処理を表すコードが1行しかない場合は中カッコの省略が可能です。

16. B

➡ P71

論理演算子に関する問題です。

論理演算子は、複数の条件を組み合わせて評価するときに使います。複数の
条件式を組み合わせた複雑な条件を記述できます。論理演算子の種類は次の
とおりです。論理積「&&」と論理和「||」については、解答17で説明します。

【論理演算子】

名称	演算子	使用例	説明
論理積	&	x > 50 & y > 50	左辺、右辺ともにtrueの場合はtrueを返す。それ以外の場合はfalseを返す
	&&	x > 50 && y > 50	左辺、右辺がtrueの場合はtrueを返す。それ以外の場合はfalseを返す
論理和	|	x > 50 | y > 50	左辺、右辺のいずれかがtrueの場合はtrueを返す。左辺、右辺ともにfalseの場合はfalseを返す
	||	x > 50 || y > 50	左辺、右辺の少なくとも1つがtrueの場合はtrueを返す。左辺、右辺ともにfalseの場合はfalseを返す
否定	!	!b	真偽値を反転させる。bがtrueの場合はfalseを返す

設問のコードでは、3行目で変数aを80で初期化し、4行目で変数bを60で初期化しています。これにより、5行目の条件式で使われる論理積の左オペランド（a >= 80）はtrue、右オペランド（b >= 80）はfalseとなるため、論理積の結果はfalseとなります。そのため、ifブロック内の処理は実行されません（選択肢A）。

7行目の条件式で使われる論理和の左オペランド（a >= 80）はtrueとなるため、論理和の結果はtrueとなります。よって、else ifブロック内の処理が実行され、「B」と表示されます（選択肢**B**）。elseブロック内の処理は実行されません（選択肢C）。

17. D P72

論理演算子に関する問題です。
演算子の左オペランドの結果により、右オペランドを評価しない演算子のことを**ショートサーキット演算子（短絡演算子）**といいます。

論理積「&&」では、左オペランドの結果がfalseの場合は、右オペランドがtrue、falseいずれでも条件式の結果はfalseになるため、右オペランドは評価されません。**論理和「||」**では、左オペランドの結果がtrueの場合は、右オペランドは評価されません。

【ショートサーキット演算子】

論理積　左オペランド && 右オペランド

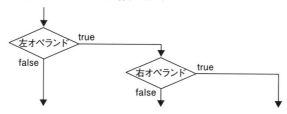

論理和　左オペランド || 右オペランド

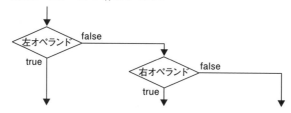

たとえば次の例では、13行目の論理積では左オペランド（a >= 0）の結果が
falseとなるため、右オペランド（b >= 0）は評価されません。18行目の論理
和では左オペランド（b >= 0）の結果がtrueとなるため、右オペランド（a
>= 0）は評価されません。

例 ショートサーキット演算子

```
11.    int a = -1;
12.    int b = 1;
13.    if(a >= 0 && b >= 0) {
14.        System.out.println("a,bともに0以上");
15.    } else {
16.        System.out.println("a,bの少なくとも1つが0未満");
17.    }
18.    if(b >= 0 || a >= 0) {
19.        System.out.println("a,bの少なくとも1つが0以上");
20.    } else {
21.        System.out.println("a,bともに0未満");
22.    }
```

【実行結果】

a,bの少なくとも1つが0未満
a,bの少なくとも1つが0以上

設問のコード5行目の条件式で使われている論理和の左オペランド（++a >
0）は、変数aの前置インクリメントを実行し、値が0から1に増えます。次に、
0より大きいかどうかを比較し、trueを戻します。論理和の左オペランドの結
果がtrueの場合は、右オペランド（++b > 0）は評価されません。このため、
変数bの値は0のままで、論理和の結果はtrueとなります。これにより、ifブロッ
ク内の処理が実行され、「a=1,b=0」と表示されます。したがって、選択肢**D**
が正解です。

試験対策　ショートサーキット演算子の論理積「&&」と論理和「||」の評価につい
て押さえておきましょう。

switch文に関する問題です。
if文のように条件によって分岐するのではなく、値によって処理を分岐する
場合は**switch文**を使います。

switch文の構文は、次のとおりです。

構文
```
switch（式）{
    case 値A:
        // 処理
        break;
    case 値B:
        // 処理
        break;
    default:
        // 処理
        break;
}
```

式の結果が値Aの場合には1つ目の**case**ラベル以降が、値Bの場合には2つ目の
caseラベル以降が、値A、値B以外の場合には**default**ラベル以降の処理が実行
されます。
ここでは、caseラベルごとに処理を分岐させるために、各caseラベルに対応
した処理の終わりに**break文**を記述しています。break文を省略することもで
きますが、break文を省略した場合、caseラベルで指定した値と式が一致する
と、それ以降のcaseラベルやdefaultラベルに対応する処理が実行されます。
また、caseラベルは、必要に応じて複数記述することもできます。このほかに、
defaultラベルを省略することもできます。

なお、switch文の式は、char、byte、short、int、Character、Byte、Short、
Integer、String、列挙型を戻す式でなくてはいけません。

以上のことから、選択肢**D**が正解です。

試験対策 break文が記述されていない場合は、続くcaseラベルやdefaultラベルを順
に評価していき、switchの式の結果と一致する値を持つcaseラベルまた
はdefaultラベルの処理を実行します。

19. D → P73

switch文の式に関する問題です。

switch文の式は、char、byte、short、int、Character、Byte、Short、Integer、String、列挙型を戻す式でなくてはいけません。それ以外の場合は、コンパイルエラーが発生します。

設問のコードでは、3行目でdouble型の変数bを宣言し、4行目でswitch文の式にこの変数bを記述しています。このため、4行目でコンパイルエラーになります。したがって、選択肢**D**が正解です。

20. C → P74

switch文のラベルに関する問題です。

switch文の式の値が、**case**ラベルで指定した定数と一致した場合、そのcaseラベル以降が処理されます。caseラベルで指定した定数と一致しなかった場合でも、**default**ラベルが記述されていれば、defaultラベル以降が処理されます。

設問のコード4行目の式には、値 'e' を保持した変数cが記述されています。したがって、5行目および7行目のcaseラベルは処理されません。10行目を実行して「Z」を表示するには、'e' に対応するcaseラベルか、あるいはdefaultラベルを9行目に記述する必要があります。設問の選択肢にはcaseラベルは含まれていないので、選択肢**C**が正解となります。

caseラベルの場合は、「case 'e':」と記述します。

21. C → P75

switch文の処理の流れに関する問題です。

break文による処理の流れの制御に注意しましょう。break文が実行されると、switch文から抜けます。

設問では、3行目で変数aに1を代入し、その値を使って4行目からswitch文を使って分岐しています。変数aの値は1なので、5行目のcaseラベルに合致し、コンソールにはAが表示されます。その後、break文がないため、switch文を抜けずに8行目でBを表示し、break文でswitch文を抜けます。したがって、選択肢**C**が正解です。

switch文の処理の流れに関する問題です。
switch文の式の値とcaseラベルの値が一致しない場合は、**default**ラベル以降が処理されることに注意しましょう。

設問のコード4行目の式は、文字列 "cd" を変数nameに代入しています。5行目および8行目のラベルの値とは一致しないため、defaultラベルに対応する12行目のコードが実行され、「その他」が表示されます。したがって、選択肢**C**が正解です。

switch文の処理の流れに関する問題です。

switch文では、式に一致するcaseラベル以降の処理が実行されます。この処理は、breakが現れるか、switchブロックが終了するまで続き、合致したcaseラベルとそれ以降のcaseラベルの内容も実行されます。

設問のコードのswitch文は、break文が記述されていません。そのため、5行目でcaseラベルが一致すると、その後のすべてのcaseラベルとdefaultラベルに対応する処理が実行され、「ABC」と表示されます。したがって、選択肢**A**が正解です。

第4章

ループ文

1. 次のプログラムの空欄に挿入するコードとして、正しいものを選びなさい。（1つ選択）

```
1.  public class Main {
2.      public static void main(String[] args) {
3.          int i = 0;
4.          while (                    ) {
5.              System.out.println("LOOP.");
6.              i++;
7.          }
8.      }
9.  }
```

A. i = 5
B. i = 1; i < 5
C. i < 5
D. i < 5; i = i +1

➡ P104

2. 次のプログラムをコンパイル、実行したときの結果として、正しいものを選びなさい。（1つ選択）

```
1.  public class Main {
2.      public static void main(String[] args) {
3.          int i = 0;
4.          while (i < 5) {
5.              i++;
6.          }
7.          System.out.println(i);
8.      }
9.  }
```

A. 4が表示される
B. 5が表示される
C. 6が表示される
D. コンパイルエラーが発生する
E. 実行時に例外がスローされる

➡ P105

3. 次のプログラムをコンパイル、実行したときの結果として、正しいもの
を選びなさい。(1つ選択)

```
1.  public class Main {
2.      public static void main(String[] args) {
3.          int i = 1;
4.          int j = 2;
5.          while (i < 10) {
6.              i = j * i;
7.          }
8.          System.out.println("i=" + i + ", j=" + j);
9.      }
10. }
```

A. 「i=8, j=1」と表示される
B. 「i=16, j=2」と表示される
C. 「i=32, j=2」と表示される
D. コンパイルエラーが発生する
E. 実行時に例外がスローされる

➡ P105

4. 次のプログラムをコンパイル、実行したときの結果として、正しいもの
を選びなさい。(1つ選択)

```
1.  public class Main {
2.      public static void main(String[] args) {
3.          int i = 1;
4.          int j = 10;
5.          while (i < j) {
6.              System.out.println("LOOP");
7.              i *= 2;
8.              j /= 2;
9.          }
10.     }
11. }
```

A. 何も表示されない
B. 「LOOP」が1回表示される
C. 「LOOP」が2回表示される

D.　「LOOP」が3回表示される

E.　コンパイルエラーが発生する

F.　実行時に例外が発生する

➡ P105

5. 次のプログラムの空欄に挿入するコードとして、正しいものを選びなさい。（1つ選択）

```
1.  public class Main {
2.      public static void main(String[] args) {
3.          for (                    ) {
4.              System.out.println("LOOP");
5.          }
6.      }
7.  }
```

A.　int i = 0; i++; i < 5

B.　int i = 0; i < 5; i++

C.　i < 5; int i = 0; i++

D.　i = 0; i < 5; i++

➡ P106

6. 次のプログラムをコンパイル、実行したときの結果として、正しいものを選びなさい。（1つ選択）

```
1.  public class Main {
2.      public static void main(String[] args) {
3.          for(int i = 0; ; i++) {
4.              System.out.println("LOOP");
5.          }
6.      }
7.  }
```

A.　何も表示されない

B.　「LOOP」が1回表示される

C.　「LOOP」が無限に表示される

D.　コンパイルエラーが発生する

E.　実行時に例外がスローされる

➡ P107

7. 次のプログラムをコンパイル、実行したときの結果として、正しいもの
を選びなさい。(1つ選択)

```java
1.  public class Main {
2.      public static void main(String[] args) {
3.          for (int i = 0; i < 3; i++) {
4.              System.out.print(i + " ");
5.          }
6.      }
7.  }
```

A. 何も表示されない
B. 「0 1 2」と表示される
C. 「0 1 2 3」と表示される
D. コンパイルエラーが発生する
E. 実行時に例外がスローされる

➡ P107

8. 次のプログラムをコンパイル、実行したときの結果として、正しいもの
を選びなさい。(1つ選択)

```java
1.  public class Main {
2.      public static void main(String[] args) {
3.          for (int i = 0; i <= 6; i += 2) {
4.              System.out.println("LOOP");
5.          }
6.      }
7.  }
```

A. 何も表示されない
B. 「LOOP」が3回表示される
C. 「LOOP」が4回表示される
D. コンパイルエラーが発生する
E. 実行時に例外がスローされる

➡ P107

9. 次のプログラムをコンパイル、実行したときの結果として、正しいものを選びなさい。（1つ選択）

```
1.   public class Main {
2.       public static void main(String[] args) {
3.           for (int i = 0; i > 3; i++) {
4.               System.out.print(i + " ");
5.           }
6.       }
7.   }
```

A.   何も表示されない
B.   「0 1 2」と表示される
C.   「0 1 2 3」と表示される
D.   コンパイルエラーが発生する
E.   実行時に例外がスローされる

➡ P108

10. 次のプログラムをコンパイル、実行したときの結果として、正しいものを選びなさい。（1つ選択）

```
1.   public class Main {
2.       public static void main(String[] args) {
3.           for (int i = 0; i < 5; i++) {
4.               if(i < 3) {
5.                   continue;
6.               }
7.               System.out.println("LOOP");
8.           }
9.       }
10.  }
```

A.   何も表示されない
B.   「LOOP」が2回表示される
C.   「LOOP」が3回表示される
D.   「LOOP」が4回表示される
E.   コンパイルエラーが発生する
F.   実行時に例外がスローされる

➡ P108

11. 次のプログラムをコンパイル、実行したときの結果として、正しいもの
を選びなさい。（1つ選択）

```
1.   public class Main {
2.      public static void main(String[] args) {
3.         int i = 0;
4.         while (true) {
5.            System.out.println("LOOP");
6.            i++;
7.            if(i >= 5 ) {
8.               break;
9.            }
10.        }
11.     }
12.  }
```

第4章

ループ文（問題）

A. 「LOOP」が無限に表示される
B. 「LOOP」が5回表示される
C. 「LOOP」が6回表示される
D. コンパイルエラーが発生する
E. 実行時に例外がスローされる

➡ P108

12. 次のプログラムの空欄に挿入するコードとして、正しいものを選びなさ
い。（1つ選択）

```
1.   public class Main {
2.      public static void main(String[] args) {
3.         int[] array = {0, 2, 4, 6};
4.         for (                    ) {
5.            System.out.print(e + " ");
6.         }
7.      }
8.  }
```

A. int e : array
B. int e ; array
C. array : int e
D. e : array

➡ P109

13. 次のプログラムをコンパイル、実行したときの結果として、正しいものを選びなさい。（1つ選択）

```
1.  public class Main {
2.      public static void main(String[] args) {
3.          String[] array = {"A", "B", "C"};
4.          for (String e : array) {
5.              System.out.print(e + " ");
6.          }
7.      }
8.  }
```

A. 何も表示されない
B. 「A」と表示される
C. 「A B C」と表示される
D. コンパイルエラーが発生する
E. 実行時に例外がスローされる

➡ P110

14. 次のプログラムをコンパイル、実行したときの結果として、正しいものを選びなさい。（1つ選択）

```
1.  public class Main {
2.      public static void main(String[] args) {
3.          int i = 0;
4.          do (i < 3) {
5.              System.out.print(i + " ");
6.              i++;
7.          } while;
8.      }
9.  }
```

A. 何も表示されない
B. 「0 1 2」と表示される
C. 「0 1 2 3」と表示される
D. コンパイルエラーが発生する
E. 実行時に例外がスローされる

➡ P110

15. 次のプログラムをコンパイル、実行したときの結果として、正しいもの
を選びなさい。（1つ選択）

```
1.   public class Main {
2.      public static void main(String[] args) {
3.         int i = 0;
4.         do {
5.            System.out.print("LOOP");
6.            i++;
7.         } while (i > 3);
8.      }
9.   }
```

A.   何も表示されない
B.   「LOOP」が1回表示される
C.   「LOOP」が3回表示される
D.   コンパイルエラーが発生する
E.   実行時に例外がスローされる

➡ P111

16. 次のプログラムをコンパイル、実行したときの結果として、正しいもの
を選びなさい。（1つ選択）

```
1.   public class Main {
2.      public static void main(String[] args) {
3.         for (int i = 0; i < 2; i++) {
4.            for (int j = 0; j <= 2; j++) {
5.               System.out.println("LOOP");
6.            }
7.         }
8.      }
9.   }
```

A.   何も表示されない
B.   「LOOP」が6回表示される
C.   「LOOP」が9回表示される
D.   「LOOP」が12回表示される

➡ P112

17. 次のプログラムをコンパイル、実行したときの結果として、正しいもの
を選びなさい。（1つ選択）

```
1.  public class Main {
2.      public static void main(String[] args) {
3.          for (int i = 0; i < 3; i++) {
4.              for (int j = 0; j < i; j++) {
5.                  System.out.println("LOOP");
6.              }
7.          }
8.      }
9.  }
```

A. 何も表示されない
B. 「LOOP」が1回表示される
C. 「LOOP」が2回表示される
D. 「LOOP」が3回表示される

➡ P112

18. 次のプログラムをコンパイル、実行したときの結果として、正しいもの
を選びなさい。（1つ選択）

```
1.  public class Main {
2.      public static void main(String[] args) {
3.          for (int i = 0; i < 2; i++) {
4.              for (int j = 0; j < 2; j += i) {
5.                  System.out.println("LOOP");
6.              }
7.          }
8.      }
9.  }
```

A. 「LOOP」が無限に表示される
B. 「LOOP」が1回表示される
C. 「LOOP」が3回表示される
D. 「LOOP」が4回表示される

➡ P113

19. 次のプログラムをコンパイル、実行したときの結果として、正しいもの
を選びなさい。（1つ選択）

```
1.  public class Main {
2.      public static void main(String[] args) {
3.          int i = 0;
4.          while (i < 2) {
5.              i++;
6.              for (int j = 0; j < 2; j++) {
7.                  System.out.print(i * j + " ");
8.              }
9.          }
10.     }
11. }
```

A. 何も表示されない
B. 「0 1 2 4」と表示される
C. 「0 1 0 1」と表示される
D. 「0 1 0 2」と表示される
E. 「0 1 0 2 0 3」と表示される

➡ P113

20. 次のプログラムをコンパイル、実行したときの結果として、正しいもの
を選びなさい。（1つ選択）

```
1.  public class Main {
2.      public static void main(String[] args) {
3.          int j = 0;
4.          for (int i = 0; i < 2; i++) {
5.              while(j <= i) {
6.                  System.out.println("LOOP");
7.                  j++;
8.              }
9.          }
10.     }
11. }
```

A. 何も表示されない
B. 「LOOP」が1回表示される
C. 「LOOP」が2回表示される
D. 「LOOP」が3回表示される

➡ P114

解　答

1.　C　　　→ P94

while文の文法に関する問題です。

while文は、条件式がfalseを戻すまでの間、ブロック内の処理と条件式の評価を繰り返し実行します。

while文の構文は次のとおりです。

構文
```
while（条件式）{
    // 処理
}
```

「条件式」は、ループを継続するかを判定し、結果を**boolean型**またはBoolean型の値で戻します（本書ではBoolean型の説明は割愛します）。条件式の結果がtrueの場合、whileブロック内の処理を実行します。whileブロック内の処理が終わると、再度、ループを継続するかを判定し、条件式がfalseを戻すとwhile文から抜けます。なお、while文に記述できる**条件式は1つ**だけです。

【while文の処理の流れ】

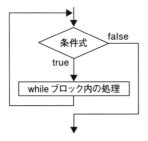

各選択肢については以下のとおりです。

A.　変数iに値5を代入しているだけで、boolean型の値を戻す式ではありません。

B. D.セミコロン「;」で区切って2つの条件式を記述することはできません。

C.　変数iが5よりも小さいかどうかを評価する条件式であり、boolean型の値を戻します。

したがって、選択肢**C**が正解です。

試験対策

while文の条件式は、boolean型の値を戻すものでなければコンパイルエラーになります。

2. B → P94

while文の処理の流れに関する問題です。

設問のwhile文は、変数iが5より小さいかどうかを評価し、trueであれば変数iをインクリメントする処理を繰り返すというものです。変数iの値は0から始まり5より小さい間、インクリメントされます。変数iの値が5になるとwhile文から抜け、結果を表示します。したがって、選択肢**B**が正解です。

3. B → P95

while文の処理の流れに関する問題です。

設問のコードの3行目では変数iを1で初期化し、4行目では変数jを2で初期化しています。変数iとjのうち、値が変わるのはiだけという点に着目しましょう。変数iは1から始まり、jの値2を掛けて倍々で大きくなります。そのため、変数iの値は1、2、4、8、16と順に大きくなり、16になった時点で条件式がfalseを戻してループを抜けます。したがって、選択肢**B**が正解です。

4. C → P95

while文の処理の流れに関する問題です。

設問のコードでは変数iを1で、変数jを10で初期化しています。「iがjよりも小さい間」という条件に着目し、iとjの値の変化を確認していきましょう。ループ内の処理ではiの値は倍になり、jの値は逆に半分になります。これをまとめると、ループごとの変化は次のようになります。

条件判定	iの値	jの値	結果
1回目	1	10	LOOPを表示し、値を変更
2回目	2	5	LOOPを表示し、値を変更
3回目	4	2	ループを抜ける

したがって、選択肢**C**が正解です。

for文の構文に関する問題です。

for文は、条件式がfalseを戻すまで、ブロック内の処理と条件式の評価を繰り返します。while文との違いは、ループに入る前に1回だけ実行される初期化式と、forブロック内の処理後に実行される反復式が含まれることです。for文の構文は、次のとおりです。

構文

```
for（初期化式; 条件式; 反復式）{
    // 処理
}
```

for文には、3つの式を記述します。1つ目はカウンタ変数を宣言し初期化するための「初期化式」、2つ目はループを継続するかどうかを判定する「条件式」、3つ目はforブロック内の処理後に実行する「反復式」です。

初期化式は、ループ開始前に1回だけ処理されます。条件式は、結果をboolean型またはBoolean型の値で戻さなくてはいけません。結果がtrueの場合は、forブロック内の処理を実行します。なお、条件式を省略するとループは無限に継続します（これを無限ループといいます）。forブロック内の処理が終わると反復式を実行し、条件式でもう一度繰り返すかどうかを判定します。条件式の結果がfalseの場合はfor文から抜け、ループ処理は終了します。

【for文の処理の流れ】

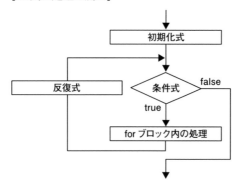

初期化式は初回だけ実行され、それ以降は条件式、forブロック内の処理、反復式を繰り返すことを覚えておきましょう。

条件式の結果はboolean型またはBoolean型の値を戻さなくてはいけませんが、選択肢Aの「i++」と選択肢Cの「int i = 0」はいずれもboolean型の値を戻

す式ではありません。また、選択肢Dの「i = 0」は変数iの型が未定義のため、コンパイルエラーが発生します。よって、これらは誤りです。

選択肢**B**の「int i = 0; i く 5; i++」は、変数iを0で初期化し、5より小さければforブロック内の処理を実行し、その後、変数iをインクリメントすることが正しく記述されています。したがって、選択肢**B**が正解です。

試験対策
for文の処理の流れをしっかり押さえておきましょう。初期化式はループ処理を開始する前に1回だけ実行され、条件式とforブロック内の処理、反復式は、条件式がfalseを戻すまで繰り返し実行されます。

A ➡ P98

for文の処理の流れに関する問題です。

設問のコード3行目の初期化式では、変数iを0で初期化しています。しかし、条件式には「iが3よりも大きい間」と記述しているため、1回目の判定結果がfalseとなり、forブロック内の処理は一度も実行されません。したがって、選択肢**A**が正解です。

---

10. **B** ➡ P98

ループ処理を制御するcontinueに関する問題です。
for文やwhile文のループ処理のブロック内で**continue文**が実行されると、以降のコードは処理されず、for文の場合は反復式に、while文の場合は条件式に制御が移ります。

設問のコード3行目のfor文では、変数iの値は0、1、2、3、4と順に大きくなり、forブロック内の処理が5回実行されるように、初期化式、条件式、反復式が記述されています。
しかし、4行目のif文では、「変数iが3よりも小さい場合はcontinueを実行する」と記述されているため、iの値が3よりも小さい3回目までのループでは7行目は実行されず、変数iをインクリメントし続けます。
変数iの値が3以上となる残りの2回のループでは7行目のコードを実行し、「LOOP」と表示します。したがって、選択肢**B**が正解です。

---

11. **B** ➡ P99

break文に関する問題です。
ループ処理のブロック内で**break文**が実行されると、そのループは終了します。

設問のコード4行目ではwhile文の条件式にtrueが与えられているため、このループは無限に継続する「無限ループ」となります。この無限ループは、変数iが5以上の場合、break文でループを抜けます。

3行目で変数iを0で初期化し、6行目でインクリメントしています。そのため、変数iの値は、0、1、2、3、4、5と順に大きくなります。

if文の条件式が「変数iの値が5以上である場合」なので、計5回「LOOP」と表示されます。5回目（iの値は4）のループでは、5行目で表示したあと、6行目でインクリメント（iの値は5）しているため、if文の条件に合致して、8行目のbreak文によってwhile文を終了します。したがって、選択肢**B**が正解です。

拡張for文の構文に関する問題です。

拡張for文は、配列やインスタンスの集合から要素を1つ1つ取り出し、繰り返し処理する場合に利用します。単純に配列やコレクション※1などの集合から要素を1つずつ取り出して処理する反復処理であれば、for文やwhile文よりも拡張for文のほうが簡単に記述できます。

拡張for文の構文は次のとおりです。

構文
```
for（変数宣言 ： 式）{
    // 処理
}
```

「式」は、配列かjava.lang.Iterableインタフェースのサブタイプを戻さなくてはいけません。なお、本書ではIterableインタフェースの説明は割愛します。

「変数宣言」では、式で戻される集合から要素を1つ取り出して代入するための変数を宣言します。

次のコードは、for文と拡張for文を使って配列型変数arrayの要素（0、1、2、3）を1つずつ表示する例です。

例 for文と拡張for文

```
int[] array = {0, 1, 2, 3};
// for文
for (int i = 0; i < array.length; i++) {
    System.out.println(array[i]);
}
// 拡張for文
for (int e : array) {
    System.out.println(e);
}
```

※次ページに続く

※1 コレクションとは、インスタンスの集合を扱うオブジェクトのことです。配列でもインスタンスの集合を扱えますが、Javaの標準クラスライブラリには、インスタンスの集合をより扱いやすくする機能を備えたさまざまなインタフェースやクラスが用意されています。Java SE Bronze試験の出題範囲外ですので、本書では説明を割愛します。

各選択肢については以下のとおりです。

A. 文法にのっとって正しく記述されています。このコードをあてはめて実行
   すると、0、2、4、6が順に出力されます。
B. 変数宣言と式の区切りは、セミコロン「;」ではなくコロン「:」を記述し
   なければいけません。よって、誤りです。
C. 変数宣言と式の記述が逆になっているため誤りです。
D. 変数宣言に型が記述されていないため誤りです。

したがって、選択肢**A**が正解です。

13.　C 　➡ P100

拡張for文の処理の流れに関する問題です。

設問のコード3行目では、String配列型変数arrayの宣言と同時に、"A"、"B"、
"C" で初期化された配列インスタンスを生成しています。4行目の拡張for文で
は、arrayの要素を1つずつ取り出して変数eへ順に代入し、ブロック内の処理
を実行しています。5行目では、変数eに代入された "A"、"B"、"C" を順に表示
しています。したがって、選択肢**C**が正解です。

14.　D 　➡ P100

do-while文の構文に関する問題です。

do-while文の構文は次のとおりです。

構文
```
do {
    // 処理
} while (条件式);
```

do-while文の特徴は、ループの条件式が繰り返し処理のあとに判定される点
です。そのため、**必ず1回はdoブロック内の処理が実行されます。**
条件式は、結果をboolean型またはBoolean型で戻さなくてはいけません。
条件式の結果がtrueの場合はループを継続し、falseの場合はループから抜け
ます。

【do-while文の処理の流れ】

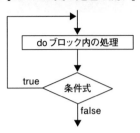

設問のコードの4行目では、doの後ろに条件式を記述しているため、コンパイルエラーになります。したがって、選択肢**D**が正解です。

なお、設問のコードは次のように修正すると実行できるようになります。

例 設問のコード4〜7行目を修正

```
4.   do {
5.       System.out.print(i + " ");
6.       i++;
7.   } while(i < 3);
```

例 実行結果

```
0 1 2
```

試験対策

do-while文のdoブロック内の処理は必ず1回は実行されます。また、whileの条件式は省略できません。

15. B → P101

do-while文の処理の流れに関する問題です。

設問のコード3行目で、変数iを0で初期化しています。4行目では、do-while文を開始し、「LOOP」を表示してから、変数iをインクリメントして7行目の条件式を実行します。

7行目で、「iが3よりも大きい間」という条件式の結果がfalseのため、これ以上ループを繰り返すことなく、do-while文を終了します。したがって、選択肢**B**が正解です。

ネストしたループに関する問題です。

for文やwhile文などのループ文は、入れ子（**ネスト**）にすることができます。設問のようにネストしたループは、反復処理の回数が多くなるため結果がわかりにくいという特徴がありますが、次のように外側のループと内側のループの継続条件を確認することから考え始めましょう。

・外側：変数iの値が0から始まり2よりも小さい間、つまり、2回ループする
・内側：変数jの値が0から始まり2以下の間、つまり、3回ループする

条件を確認できれば、その後、外側のループを1回実行するときに、内側のループを何回実行するかを考えます。上記の2つの条件から、外側のループ1回につき、内側のループは3回実行します。よって、2回×3回の合計6回ループします。以上のことから、選択肢**B**が正解です。

なお、設問のコードには、breakやcontinueといったループを制御する文がありません。これらの文がある場合は、合計回数が変わるので注意が必要です。

ネストしたループに関する問題です。

設問のコードは、外側のfor文のカウンタ変数iを、内側のfor文の条件式に利用しているところがポイントです。変数iの値により、内側のループの回数が変化します。次のように、変数iとjが保持する値から継続条件を考え、内側のループの回数を確認して解きましょう。

外側のループ1回目では、変数iの値は0です。内側のループの条件は、変数jは0で始まり、変数iよりも小さい間、繰り返します。つまり、ループしません。

外側のループ2回目では、変数iの値は1です。内側のループの条件は、変数jが変数iの値1よりも小さい間繰り返すので、1回だけ「LOOP」と表示されます。

外側の最後のループでは、変数iの値は2です。内側のループの条件は、変数jが変数iの値2よりも小さい間繰り返すので、2回「LOOP」と表示されます。

このように、ネストしたループの判定は次のように表を書いてみるとよいでしょう。

【ネストしたループの判定の考え方】

外側のループ	内側のループ	内側のループの条件（j < i）を判定した結果
i = 0	j = 0	内側のループを終了し、外側のループに制御が移る
i = 1	j = 0	LOOPが表示される
i = 1	j = 1	内側のループを終了し、外側のループに制御が移る
i = 2	j = 0	LOOPが表示される
i = 2	j = 1	LOOPが表示される
i = 2	j = 2	内側のループを終了し、外側のループに制御が移る

以上のことから、選択肢**D**が正解です。

18. A ➡ P102

ネストしたループに関する問題です。

設問のコードでは、外側のカウンタ変数iを内側のfor文の反復式に利用しています。カウンタ変数を単にインクリメントする反復式のループと比較すると、カウンタ変数の保持する値がわかりにくくなるという特徴があります。ここでは反復式の結果と継続条件からループが何回繰り返されるかを判断しましょう。

内側のループの反復式「j += i」は、算術演算で記述すると「j = j + i」と同じ意味です。変数iも変数jも初期値は0なので、「j = 0 + 0」という式になります。これでは変数jの値が0より増えることはありません。そのため、「j < 2」という条件に合致し続けることになり、「LOOP」と無限に表示されます。したがって、選択肢**A**が正解です。

19. D ➡ P103

ネストしたループに関する問題です。

設問のコードは、while文とfor文のネストしたループになっています。for文の二重ループと同じく、外側のループと内側のループの継続条件を確認するとともに、while文では変数iをインクリメントしているタイミングに注意し、変数i、jが保持している値を考えて解きましょう。

・外側：変数iの値が0から始まり2よりも小さい間、つまり、2回ループする
・内側：変数jの値が0から始まり2よりも小さい間、つまり、2回ループする

※次ページに続く

設問のコード3行目で、変数iを0で初期化しています。

外側のループ1回目では、内側のループが開始される前に変数iをインクリメントしているため、その値は1になります。内側のループでは、「i * j」の結果を出力しています。変数jは、0、1と順に値が変わるため、「0 1」と表示されます。

外側のループ2回目では、内側のループが開始される前にインクリメントしているため、変数iの値が2になります。内側のループの「i * j」の結果では、変数jは0、1と順に値が変わるため、「0 2」と表示されます。

以上のことから、選択肢**D**が正解です。

20. C → P103

ネストしたループに関する問題です。

外側のfor文のカウンタ変数iを、内側のwhile文の条件式に利用しているところがポイントです。変数iの値により、内側のループの回数が変化することに注意して解きましょう。また、while文の条件式に利用している変数jはループが始まる前に初期化されており、その後、初期化されない（ゼロに戻ることはない）点にも注意しましょう。

解答17のように表にして考えると、どのタイミングで「LOOP」と表示されるかがわかりやすくなります。

【ネストしたループの判定の考え方】

外側のループ	内側のループ	処理内容
i = 0	j = 0	「LOOP」と表示し、jをインクリメント
i = 0	j = 1	内側のループを終了し、外側のループに制御が移る。iをインクリメントして条件判定（true）
i = 1	j = 1	「LOOP」と表示し、jをインクリメント
i = 1	j = 2	内側のループを終了し、外側のループに制御が移る。iをインクリメントして条件判定（false）

この表からわかるとおり、「LOOP」と表示されるのは2回です。したがって、選択肢**C**が正解です。

第 5 章

オブジェクト指向の概念

- カプセル化
- データ隠蔽
- 抽象化とポリモーフィズム
- 情報隠蔽
- 型、クラス、インタフェース
- has-a関係とis-a関係
- 具象クラスと抽象クラス

1. カプセル化の説明として、正しいものを選びなさい。（1つ選択）

    A. 同種の異なるインスタンスを同じ型で扱う

    B. 公開すべきものと非公開にすべきものを区別して扱う

    C. 関係するものをひとまとめにする

    D. クラスのフィールドを隠蔽し、ほかのクラスからは直接使えないようにする

➡ P125

2. 従業員の情報を表すEmployeeクラスがある。正しくカプセル化されるようこのクラスを修正したい。修正内容として、正しいものを選びなさい。（2つ選択）

```
1.  public class Employee {
2.      String corporateName;
3.      String corporateAddress;
4.      int employeeNo;
5.      String name;
6.  }
```

    A. すべてのフィールドのアクセス修飾子をprivateにする

    B. フィールドにアクセスするためのgetterメソッドとsetterメソッドを追加する

    C. corporateNameとcorporateAddressフィールドをほかのクラスに移動する

    D. 名前を名乗って挨拶するメソッドを追加する

    E. 給与計算メソッドを追加する

➡ P127

3. カプセル化の維持に欠かせない原則として、正しいものを選びなさい。（1つ選択）

    A.   データ隠蔽
    B.   情報隠蔽
    C.   抽象化
    D.   データ抽象

➡ P128

4. データ隠蔽を実現するためには、フィールドをどのように修飾すればよいか。正しいものを選びなさい。（1つ選択）

    A.   `public final`
    B.   `public static`
    C.   `private`
    D.   `private static`
    E.   `private final`

➡ P132

5. データ隠蔽の説明として、もっとも適切なものを選びなさい。（1つ選択）

    A.   関係するデータとそのデータを扱う処理をひとまとめにする
    B.   属性の公開範囲を制限する
    C.   getterやsetterなどのアクセサメソッドを提供する
    D.   実装の詳細を隠蔽する

➡ P133

6. 共通部分だけを抽出し、それ以外を無視して扱うことを何と呼ぶか。正しい用語を選びなさい。（1つ選択）

    A.   抽象化
    B.   カプセル化
    C.   データ隠蔽
    D.   情報隠蔽

➡ P138

7. 次のプログラムをコンパイル、実行したときの結果として、正しいもの
を選びなさい。（1つ選択）

```
1.  public class A {
2.      public void test() {
3.          System.out.println("A");
4.      }
5.  }
```

```
1.  public class B extends A {
2.      public void test() {
3.          System.out.println("B");
4.      }
5.  }
```

```
1.  public class Main {
2.      public static void main(String[] args) {
3.          A a = new B();
4.          a.test();
5.      }
6.  }
```

A. 「A」と表示される

B. 「B」と表示される

C. 「A」「B」と表示される

D. 「B」「A」と表示される

E. Bクラスでコンパイルエラーが発生する

F. Mainクラスでコンパイルエラーが発生する

G. 実行時に例外がスローされる

➡ P141

8. 次のプログラムをコンパイル、実行したときの結果として、正しいものを選びなさい。（1つ選択）

```
1.  public class Parent {
2.      public void method() {
3.          System.out.println("Parent");
4.      }
5.  }
```

```
1.  public class Child extends Parent {
2.      public void method(String val) {
3.          System.out.println(val);
4.      }
5.  }
```

```
1.  public class Main {
2.      public static void main(String[] args) {
3.          Parent p = new Child();
4.          p.method("Child");
5.      }
6.  }
```

- A. 「Parent」と表示される
- B. 「Child」と表示される
- C. Childクラスの2行目でコンパイルエラーが発生する
- D. Mainクラスの3行目でコンパイルエラーが発生する
- E. Mainクラスの4行目でコンパイルエラーが発生する
- F. 実行時に例外がスローされる

9. ポリモーフィズムのメリットに関する説明として、正しいものを選びなさい。（1つ選択）

- A. 変更されたクラスのサブクラスに変更の影響が及ばない
- B. 変更されたクラスのスーパークラスに変更の影響が及ばない
- C. 変更されたクラスを使うクラスに、変更の影響が及ばない
- D. インタフェースの変更が実現クラスに及ばない

オブジェクト指向の概念（問題）

10. 情報隠蔽の説明として、正しいものを選びなさい。（1つ選択）

A. 公開すべきものと非公開にすべきものを区別して扱う
B. 関係するデータをひとまとめにして扱える
C. 外部からフィールドを直接操作できないようにすることができる
D. 異なる引数を受け取る同名のメソッドを複数定義できる

➡ P146

11. 情報隠蔽を実現する手段として、正しいものを選びなさい。（3つ選択）

A. フィールドのアクセス修飾子をprivateにする
B. getterやsetterなどのアクセサメソッドを提供する
C. 公開メソッドを集めたインタフェースを用意する
D. protectedで修飾したクラスを宣言する
E. パッケージ宣言を追加する
F. コンストラクタをprotectedにする

➡ P147

12. インタフェースに関する説明として、誤っているものを選びなさい。（1つ選択）

A. インタフェースは型を定義するためのものである
B. インタフェースには実装を定義できない
C. インタフェースはインスタンス化できない
D. インタフェースにはメソッド宣言だけが定義できる

➡ P150

13. ポリモーフィズムに関係が深い用語として、もっとも適切なものを選びなさい。（2つ選択）

A. 抽象化
B. 情報隠蔽
C. データ隠蔽
D. カプセル化

➡ P151

14. AとBの2つのクラスがある。この2つのクラスで「A has-a B」の関係を
表現しているコードとして、正しいものを選びなさい。（1つ選択）

A.
```
public class B {
    public void sample() {
        A a = new A();
    }
}
```

B.
```
public class A {
    public void sample() {
        B b = new B();
    }
}
```

C.
```
public class B {
    private A a;
}
```

D.
```
public class A {
    private B b;
}
```

➡ P152

15. 次のようなインタフェースやクラスがあるとき、is-a関係を正しく表しているものを選びなさい。(2つ選択)

```
1.  public interface A {
2.      // any code
3.  }
```

```
1.  public abstract class B implements A {
2.      // any code
3.  }
```

```
1.  public class C extends B {
2.      // any code
3.  }
```

```
1.  public class D implements A {
2.      // any code
3.  }
```

A.   A is-a B
B.   C is-a A
C.   B is-a A
D.   D is-a B
E.   B is-a D
F.   B is-a C

→ P153

16. 次のプログラムをコンパイル、実行した結果として、正しいものを選び
なさい。(1つ選択)

```
1.  public interface MusicPlayer {
2.      String play();
3.  }
```

```
1.  public class CdPlayer implements MusicPlayer {
2.      public String play() {
3.          return "A";
4.      }
5.  }
```

```
1.  public class Mp3Player {
2.      public String play() {
3.          return "B";
4.      }
5.  }
```

```
1. public class Main {
2.   public static void main(String[] args) {
3.     MusicPlayer[] players = {new CdPlayer(), new Mp3Player(), new CdPlayer()};
4.     for (MusicPlayer player : players) {
5.       System.out.print(player.play());
6.     }
7.   }
8. }
```

A.　CdPlayerクラスでコンパイルエラーが発生する
B.　Mp3Playerクラスでコンパイルエラーが発生する
C.　Mainクラスでコンパイルエラーが発生する
D.　Mainクラスの実行中に例外がスローされる
E.　「ABA」と表示される
F.　「AB」と表示される

➡ P155

17. 具象クラスと抽象クラスに関する説明として、正しいものを選びなさい。
（1つ選択）

    A.   具象クラスは、インスタンス化できない

    B.   抽象クラスは、継承されることを前提としたクラスである

    C.   抽象クラスは、インスタンス化できる

    D.   具象クラスは、継承されることを前提としたクラスである

➡ P157

第5章　オブジェクト指向の概念
解　答

1.　C　　　　　　　　　　　　　　　　　　　　　　→ P116

カプセル化の概念に関する問題です。

本設問で問われている**カプセル化**は、変更に強いソフトウェアを設計するための「設計原則」の1つです。正しくカプセル化された**モジュール**[※1]は、変更に強く、開発の生産性向上だけでなく、長期間に渡って行われる保守作業の軽減を実現します。

設計とは、開発や運用を効率化し、コスト削減を実現するための作業を指します。その良し悪しは、どれだけコストが削減できたかで測ることができます。オブジェクト指向は、ソフトウェアの変更容易性や再利用性を向上させることで、コスト削減効果を追求する設計技法です。

ソフトウェアを設計するにあたって、考えるべきことを要約すると次の2つに絞られます。

・どのような流れで処理をするのか？
・どのようなデータを扱うのか？

前者の「**処理の流れ**」から設計を始めるのが**構造化設計手法**、後者の「**扱うデータ**」から設計を始めるのが**オブジェクト指向設計手法**の特徴です。

構造化設計手法と比べてオブジェクト指向設計手法が優れている点は、変更に強い設計ができることです。ただし、オブジェクト指向を使えば変更に強く「**できる**」というだけであって、必ずしも変更に強くなるという意味ではありません。間違った使い方をすれば、強くなるところか、変更のたびに余計な工数がかかってしまう「変更に弱い」設計にもなりかねません。そのため、設計者は常に変更に強くなることを心がけて設計しなければいけません。

「**変更に強い設計**」とは、次の2つの条件を満たすものです。

・変更発生時にその影響範囲がすぐに特定できること
・変更への対応が工数をかけずにできること

※1　Java 9で、モジュールシステムという機能が追加されましたが、ここでいうモジュールとはこの機能のことではなく、ソフトウェアを分解した部品を意味する一般用語の「モジュール」を指しています。

変更発生時には対象となる部分だけでなく、関係する箇所も変更しなくては
いけません。しかし、そのときに次々と変更箇所が広がってしまうような設
計は、変更に強いとはいえません。そのため、変更の影響範囲を明確に切り
分けられる設計が求められます。

変更の影響範囲を特定するには、数多くのモジュールをいかに区別できるか
が重要になります。そのためには、モジュールの違いがはっきりとわかる設
計でなくてはいけません。

カプセル化は、影響範囲の特定に関わる重要な設計原則です。カプセル化は、
関係するデータをまとめ、さらに**そのデータを使う処理**をまとめて、1つのモ
ジュールとして定義することです（選択肢**C**）。適切にカプセル化されたモ
ジュールは、開発者が区別しやすい単位に分割されているため、どのモジュー
ルを変更すればよいかを特定しやすくします。

【カプセル化されたモジュール】

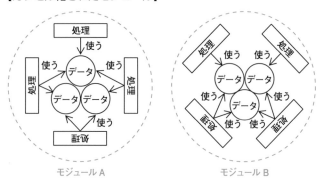

モジュール A　　　　　　　モジュール B

私たちはある特定の物を表現するとき、その物の特徴を述べて説明します。
たとえば、車輪が4つ付いていて、エンジンがあって、ハンドルがあって、
ブレーキやアクセル、クラッチなどのペダルが付いている、という具合に説
明すると多くの人は「自動車」を想像します。

私たちは、特徴の集合で対象を「これだ」と特定できる認知力を持っている
ため、適切に特徴がまとめられているモジュールであれば、数多くのモジュー
ルから必要とするものをすぐに特定できるようになります。カプセル化は、
このような人間の特性を活かし、区別しやすいモジュールを作るための設計
原則なのです。

以上のことから、選択肢**C**が正解です。その他の選択肢は以下の理由により誤りです。

A. 抽象化の説明です。詳細については、解答6を参照してください。
B. 情報隠蔽の説明です。詳細については、解答10を参照してください。
D. データ隠蔽の説明です。詳細については、解答3～5を参照してください。

 試験対策　カプセル化は、関係するデータやそのデータを扱う処理をまとめて、1つのモジュールとして定義することです。

2.　C、D
➡ P116

カプセル化の実現方法に関する問題です。
カプセル化は、関係するデータとそのデータを使う処理をひとまとめにし、ソフトウェアの変更容易性や再利用性を向上させるための設計原則です。カプセル化を実現する方法は、次のとおりです。

① 関係するデータをまとめる
② まとめたデータを必要とする処理をまとめる

設問のEmployeeクラスはメソッドを持たないため、「関係したデータ」をまとめただけの状態です。このクラスの名前は「従業員」を表しており、従業員に関する情報だけがまとまっていなければいけません。しかし、Employeeクラスには、corporateNameやcorporateAddressといった「会社」に関する情報も混ざっています。これらの情報は従業員クラスから分離し、会社を表す別のクラスに移動すべきです（選択肢C）。分離後のクラス図[2]は次のようになります。

【修正後のクラス】

このように分離することで、Employeeは従業員のデータのみ、Corporateは会社のデータのみを扱えばよくなり、クラスの役割が単純化されます。

※次ページに続く

※2　UMLについては、325ページの「UMLの読み方について」を参照してください。

前述のカプセル化の実現方法にのっとると、次はデータを必要とする処理をまとめます。つまり、図【修正後のクラス】のEmployeeクラスであれば、noとnameを使うメソッドをこのクラスに割り当てます。選択肢Dの「名前を名乗って挨拶する」メソッドは、Employeeクラスのnameフィールドの値を必要とします。そのため、このメソッドはEmployeeクラスに割り当てなければいけません。

一方、選択肢Eの給与計算メソッドでは、働いた勤務日数や時間、雇用形態、基本給や加算給といった報酬規定の情報が必要です。しかし、これらの情報はEmployeeクラスには存在しません。よって、この給与計算メソッドをEmployeeクラスに割り当てることはできません。もし割り当てるなら、勤務日数や時間、雇用形態などの情報を持った勤怠クラスを新たに定義して割り当てます。

カプセル化は、データ隠蔽と組み合わせて完成します。データ隠蔽では、フィールドのアクセス制御を行います。よって、アクセス修飾子をprivateにすることはデータ隠蔽のために必要な手段です（選択肢A）。

データ隠蔽によって、フィールドのアクセス制御が可能になり、ほかのクラスからは直接アクセスできなくなります。そこで、フィールドにアクセスするためのgetterやsetterと呼ばれるメソッドを作ることがあります。これらのメソッドは、データ隠蔽に伴って必要とされるものであり、カプセル化とは関係ありません（選択肢B）。データ隠蔽の詳細については、解答3〜5を参照してください。

以上のことから、選択肢**C**と**D**が正解です。

3.　A　　➡ P117

データ隠蔽の概念に関する問題です。
データ隠蔽の目的は、カプセル化の維持です（選択肢**A**）。解答1で解説したように、カプセル化は開発や保守のコストを削減するための設計原則の1つです。この原則が崩れると、コストが余計にかかる可能性が高くなります。

カプセル化を崩す要因は、あるモジュールのデータにほかのモジュールからアクセスすることです。たとえば、次の図はモジュールBからモジュールAのデータにアクセスしており、カプセル化が崩れている関係を示しています。

【カプセル化が崩れている関係】

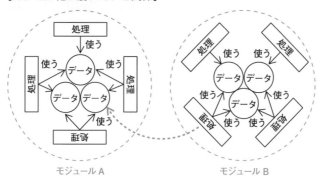

カプセル化では、関係するデータとそのデータを必要とする処理を集めます。そのため、モジュールAにあるデータを必要とする処理はすべてAになければいけません。しかし、この図のようにあるデータを必要とする処理がほかのモジュールに存在すると、そのデータに変更が加わった場合の影響をすべてのモジュールで調べる必要が生じます。このような事態に陥らないために、データを隠蔽し、アクセスを拒否することで、カプセル化を維持するのです。

具体的なコードで、カプセル化が崩れた事例を見てみましょう。次のItemクラスは、商品に関する情報をカプセル化したクラスです。このクラスは、商品コードと価格、名前の3つのフィールドを持っています。これらのフィールドはpublicで修飾されているため、データは隠蔽されていません。

例 **データ隠蔽されていないItemクラス**

```
public class Item {
    public String code;
    public int price;
    public String name;
}
```

Itemクラスを利用するのが、次ページの例で示したOrderクラスです。このクラスは「注文」を表しており、Itemクラスから価格を取り出し、8%を乗じた税込み価格を計算するgetPriceBeforeTaxメソッドを持っています。ただし、商品コードが「A0001」のようにAから始まる場合のみ、非課税対象商品とし、価格をそのまま戻す仕様になっています。

※次ページに続く

例 Itemクラスを利用するOrderクラス

```java
public class Order {
    private Item item = null;
    public Order(Item item) {
        this.item = item;
    }
    public int getPriceBeforeTax() {
        if (item.code.startsWith("A")) {
            return item.price;
        }
        return (int)(item.price * 1.08);
    }
}
```

このようにOrderクラスがItemクラスのフィールドを直接使っていると、OrderクラスはItemクラスと密接な関係を持っていることになります。たとえば、次のようにItemクラスが変更されたとき、Orderクラスも一緒に修正しなければいけません。

例 変更されたItemクラス

```java
public class Item {
    public String taxation;
    public String code;
    public int price;
    public String name;
}
```

この新しいItemクラスの仕様は、課税が一律8%ではなくなり、品目によって課税率が変わるような場合を想定しています。この仕様を実現するために、Itemクラスには課税の種類を表すtaxationというフィールドを追加しました。これまでのOrderクラスでは、商品コードがAから始まっているかどうかだけを確認していたため、この変更によってItemクラスだけでなく、Orderクラスにも次のような修正が必要となります。

例 Itemクラスの変更に対応するように修正したOrderクラス

```java
public class Order {
    private Item item = null;
    public Order(Item item) {
        this.item = item;
    }
    public int getPriceBeforeTax() {
        switch (item.taxation) {
        case "A":
            return (int)(item.price * 1.08);
        case "B":
            return (int)(item.price * 1.1);
        }
        return item.price;
    }
}
```

それでは、これらのクラスの問題をどのように改善していくかを見ていきましょう。カプセル化の原則に従えば、あるデータを必要とする処理は、そのデータを持っているクラスにまとめなければいけません。そこで、次のようにItemのデータを使っているgetPriceBeforeTaxメソッドをItemクラスに移動します。

例 カプセル化の原則に従って変更されたItemクラス

```java
public class Item {
    public String taxation;
    public String code;
    public int price;
    public String name;
    public int getPriceBeforeTax() {
        switch (taxation) {
        case "A":
            return (int)(price * 1.08);
        case "B":
            return (int)(price * 1.1);
        }
        return price;
    }
}
```

これで、適切にカプセル化されました。しかし、今後Orderクラスのように
Itemクラスのフィールドを直接参照するクラスがほかに現れないとも限りま
せん。10年や20年使われるソフトウェアも存在し、その長いライフサイクル
の中で、当初の設計を無視した修正が加わらないとも限らないからです。そ
のような事態を未然に防止するために、フィールドを隠蔽し、ほかのクラス
からのアクセスを拒否する「データ隠蔽」が必要となります。

本設問では、データ隠蔽の必要性のみを解説しました。より具体的なデータ
隠蔽の実現方法などについては、解答4、5を参照してください。

4. C

データ隠蔽の実現方法に関する問題です。
Javaにおけるデータ隠蔽は、アクセス制御で実現します。フィールドの**アク
セス修飾子をprivate**にすることで、ほかのクラスからフィールド（属性）を
参照できないようにします（選択肢**C**）。これで、ほかのクラスがフィールド
を直接参照すればコンパイラがエラーを出すようになります。

たとえば、次のようなSampleクラスでデータ隠蔽の結果を見てみましょう。
このクラスのフィールドnumは、privateで修飾されており、ほかのクラスか
らアクセスできません。

例 データ隠蔽されたSampleクラスのフィールドnum

```
public class Sample {
    private int num = 10;
}
```

そこで、次のようにMainクラスからSampleのフィールドnumにアクセスして
みます。

例 MainクラスからSampleクラスのnumにアクセス

```
public class Main {
    public static void main(String[] args) {
        Sample s = new Sample();
        System.out.println(s.num);
    }
}
```

このMainクラスをコンパイルすると、次のようなコンパイルエラーが発生し、

フィールドにアクセスできないようになっていることがわかります。このようなコンパイラによるチェックがあるおかげで、ほかのクラスからフィールドが使われていないことが保証されます。

例 MainクラスからSampleクラスのnumにアクセス

```
Main.java:4: num は Sample で private アクセスされます
                System.out.println(s.num);
                                     ^
エラー 1 個
```

以上のことから、選択肢**C**が正解です。その他の選択肢は以下の理由により誤りです。

A. B. フィールドのアクセス修飾子をpublicにすると「公開フィールド」という意味になるため、データ隠蔽ができません。

D. privateなクラス変数の定義です。クラス変数にするかどうかは、カプセル化を維持することと関係はありません。

E. finalによる定数化は、カプセル化の維持には関係ありません。

試験対策

privateは、フィールドやメソッドへのアクセスを同一クラスからのみに制御するアクセス修飾子です。privateで修飾したフィールドやメソッドをほかのクラスから直接参照するとコンパイルエラーになります。このようなアクセス制御の仕組みにより、データ隠蔽を実現します。

5. B → P117

データ隠蔽の概念に関する問題です。

カプセル化の原則に従えば、メソッドは、そのメソッドが必要とするフィールド（属性）を持っているクラスにまとめなければいけません（選択肢A）。あるクラスのメソッドがほかのクラスのフィールドを使って処理を行いたい場合には、メソッドが必要とするフィールドを持つクラスにそのメソッドを移動します。

カプセル化を維持するためには、ほかのクラスのフィールドを直接参照してはいけません。しかし、「画面に表示したい」「データベースに保存したい」など、データの加工処理を伴わない理由でフィールドにアクセスしたい場合もあります。このような場合には、「setter」や「getter」と呼ばれる、フィールドにアクセスするメソッドを提供して対応します。

値をフィールドにセットするのが**setterメソッド**、フィールドの値を取り出すのが**getterメソッド**です。なお、setterやgetterを総称して、「**アクセサメソッド**」と呼びます。次のSampleクラスのgetNumやsetNumがアクセサメソッドの例です。

例 アクセサメソッド

```java
public class Sample {
    private int num;
    public int getNum() {
        return num;
    }
    public void setNum(int num) {
        this.num = num;
    }
}
```

アクセサメソッドは、getterとsetterがセットになっている必要はありません。getterのみや、setterのみを提供することも可能です。たとえば、初期値を受け取るコンストラクタと、getterのみを提供していれば、変更不可のフィールドをコードで表現できます。

例 getterメソッド

```java
public class Sample {
    private int num;
    public Sample(int num) {
        this.num = num;
    }
    public int getNum() {
        return num;
    }
}
```

アクセサメソッドの提供は、このようにアクセスを制御するだけでなく、値の変更とロジックを組み合わせられるメリットもあります。次の例では、Sampleクラスを修正し、setterメソッド内で不正な値（負の値）がフィールドにセットされることを防いでいます。

例 修正したSampleクラス

```java
public class Sample {
    private int num;
    public int getNum() {
        return num;
    }
    public void setNum(int num) {
        if (num < 0) {      // 負の値の場合は例外をスロー
            throw new InvalidParameterException();
        }
        this.num = num;
    }
}
```

データ隠蔽とアクセサメソッドの提供は、同時に使われることがよくあります。ただし、データ隠蔽をするからといって、必ずしもアクセサメソッドを提供する必要はありません。このことを次の例で見ていきましょう。次のコード例は、解答3の解説に出てきた商品を表すItemクラスと、その商品の注文を表すOrderクラスです。

例 Itemクラス

```java
public class Item {
    private String taxation;
    private String code;
    private int price;
    private String name;
    public String getTaxation() {
        return taxation;
    }
    public void setTaxation(String taxation) {
        this.taxation = taxation;
    }
    public String getCode() {
        return code;
    }
    public void setCode(String code) {
        this.code = code;
    }
```

※次ページに続く

```
    public int getPrice() {
        return price;
    }
    public void setPrice(int price) {
        this.price = price;
    }
    public String getName() {
        return name;
    }
    public void setName(String name) {
        this.name = name;
    }
}
```

次のOrderクラスのgetPriceBeforeTaxメソッドでは、商品の課税分類（taxation）
によって課税率を変更しています。課税分類がAもしくはBでなければ、非課
税分類として商品の価格をそのまま戻します。

例 Orderクラス

```
public class Order {
    private Item item = null;
    public Order(Item item) {
        this.item = item;
    }
    public int getPriceBeforeTax() {
        switch (item.getTaxation()) {
        case "A":
            return (int)(item.getPrice() * 1.08);
        case "B":
            return (int)(item.getPrice() * 1.1);
        }
        return item.getPrice();
    }
}
```

このgetPriceBeforeTaxメソッドでは、Itemクラスのアクセサメソッドを使っ
ているものの、アクセサメソッドはフィールドの値をそのまま戻しているだ
けであり、これではフィールドを直接参照しているコードと何ら変わりませ
ん。カプセル化の原則に従えば、データを持つクラスにメソッドを割り当て

なければいけません。そのため本来ならば、このgetPriceBeforeTaxメソッドは
Orderクラスではなく Itemクラスにあるべきメソッドなのです。これは、カプ
セル化が不十分であるにもかかわらずデータを隠蔽したために、アクセサメ
ソッドが必要になってしまった結果です。

このように、データ隠蔽したからといってアクセサメソッドを必ず提供しな
ければいけないわけではありません（選択肢C）。こうした安易なアクセサメ
ソッドの提供は、カプセル化を意識しない設計を助長し、変更に弱くなる原
因にもなりかねません。アクセサメソッドを利用しようとする場合は、アク
セサメソッドがカプセル化を崩さないか、本当に必要なのかを考えてから使
うべきです。

次のコードは、getPriceBeforeTaxメソッドをItemクラスに移動し、Itemクラ
スが提供するアクセサメソッドを限定した例です（選択肢**B**）。このItemクラ
スでは、レシートや画面に商品名と税抜き価格を表示するために getNameと
getPriceメソッドを提供しています。課税分類（taxation）はgetPriceBeforeTax
メソッドのようにこのクラスの内部だけで使うため、getterメソッドは定義
していません。また、商品の各データが処理途中で不正に変更されないよう、
フィールドへのsetterは定義せず、コンストラクタで初期値をセットしてい
ます。

例 適切にカプセル化するように変更したItemクラス

```
public class Item {
    private String taxation;
    private String code;
    private int price;
    private String name;
    public Item(String taxation, String code, int price, String name) {
        this.taxation = taxation;
        this.code = code;
        this.price = price;
        this.name = name;
    }
    public int getPrice() {
        return price;
    }
    public String getName() {
        return name;
    }
```

※次ページに続く

```
    public int getPriceBeforeTax() {
        switch (taxation) {
        case "A":
            return (int)(price * 1.08);
        case "B":
            return (int)(price * 1.1);
        }
        return price;
    }
}
```

選択肢Aはカプセル化に関する説明です。
選択肢Dの「実装の詳細」とは、抽象化して扱ったインスタンスのことです。
抽象化したインスタンスの具体的な型を隠蔽することを「情報隠蔽」と呼び
ます。抽象化や情報隠蔽については、解答6〜13を参照してください。

試験対策

データ隠蔽の目的は、カプセル化の維持と属性の公開範囲の制限です。
ほかのクラスのフィールドに直接アクセスしないよう、setterメソッドや
getterメソッドを利用することはできますが、これらを必ずしも提供し
なければならないわけではありません。

---

6. A → P117

抽象化の概念に関する問題です。
ソフトウェア開発では、ソフトウェアが解決すべきビジネス上の課題のこと
を「問題領域」と呼びます。ソフトウェアがさまざまな分野で活用されるよ
うになるにつれて、問題領域に含まれる要素は増え続け、それらの関係も複
雑化していきました。そのため、ソフトウェア開発の現場では、問題領域を
単純化する技法を求め、試行錯誤を繰り返してきました。そうして採用され
たものが「分割統治」と「抽象化」です。

分割統治（divide and conquer algorithm）は、問題が大きなまま解決を試み
るのではなく、問題を小さな単位に分割し、単純化することで個別に解決し
ながら、全体の大きな問題を解決していく問題解決技法の1つです。オブジェ
クト指向は、これにカプセル化という方法で対応します。カプセル化の詳細
は解答1を参照してください。

分割統治によって分解され、単純化された問題領域の要素は、結合されるこ
とで元の問題領域を表現できます。しかし、複雑な問題を単純になるまで分

解すると、その数は膨大な量になり、それらを結合する部分は累乗的に増えていきます。結果として、簡単にするために分解したものを、1つに戻すために結合すると余計に複雑になるという事態が発生してしまいます。

【分割統治のイメージ】

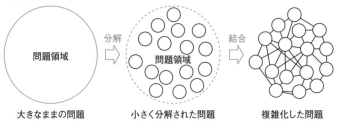

大きなままの問題　　　　小さく分解された問題　　　　複雑化した問題

この問題を解決するのが、**抽象化**（abstraction）です。抽象化は、対象から注目すべき要素を抜き出し、それ以外を無視することによって、複雑な問題を単純化する方法です（選択肢**A**）。単純化すれば、全体像をつかみやすくなったり、問題の本質をとらえやすくなったりする効果があります。なお、オブジェクト指向では、抽象化してオブジェクトを扱うことを「**ポリモーフィズム**」と呼びます。

【抽象化のイメージ】

複雑化した問題　　　　共通部分を抽出し　　　　抽象化してから結合すると
　　　　　　　　　　　　違いを無視　　　　　　　　シンプルに

抽象化は一般的な思考方法の1つで、私たちは普段から何気なく使っています。たとえば、サッカー選手のAさん、Bさん、Cさんを、ひとくくりにサッカー選手として扱うのは抽象化です。このように抽象化すると、AさんやBさん、Cさんという個人の違いは無視し、サッカー選手としての特徴だけに着目するようになります。このように個人の違いを無視することで、「サッカー選手とはどういう人のことを指すのか？」という本質だけに着目できるようになります。

※次ページに続く

【抽象化のイメージの例】

抽象化をソフトウェアに置き換えると、共通点があるモジュールをひとまとめにして1つの型で扱い、共通点以外の部分は無視することになります。抽象化を使うことで、前出の図【抽象化のイメージ】のように、複雑に絡み合っていたモジュール間の関係が単純化されます。

抽象化では、共通点を持つオブジェクトをまとめて、それぞれのオブジェクトの違いを無視して1つの型で扱うことで、モジュールの連携箇所を減らして、ソフトウェアを単純化します。

たとえば、サッカー選手と野球選手、バレーボール選手を共通点でまとめて「スポーツ選手」、サッカーボールと野球のボールとバレーボールをまとめて「ボール」、サッカーと野球とバレーのルールをまとめて「スポーツのルール」とすれば、次の図のようにたった3つのモジュールの関係で「球技」を表現できます。

【抽象化で表現した「球技」】

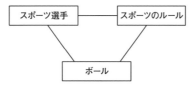

抽象化のおかげで、モジュールの数が増えたとしても、この図のようにシンプルに表現できるようになります。これをソフトウェア開発に導入すれば、複雑化しすぎるソフトウェア構造を単純化し、ソフトウェア開発の生産性を上げ、バグを減らし、コストを削減できるようになるのです。
以上のことから、選択肢**A**が正解です。

コードにおける抽象化の表現に関する問題です。

オブジェクト指向では、オブジェクトを抽象化して扱うことを「**ポリモーフィ
ズム**」と呼びます。抽象化は、複数ある対象の共通部分を抽出して、単純化
して扱います。ポリモーフィズムでは、継承やインタフェースを使って、抽
象化を表現します。

設問のコードは、Aクラスを継承したBクラスを定義しています。このように、
あるクラスを継承したり、インタフェースを実現したりすることがポリモー
フィズムの条件です。ポリモーフィズムに関して出題されたときには、まず
継承や実現の関係があるかどうかを確認しましょう。

Javaのプログラムで、データやインスタンスの「扱い方」を決めているのが
変数の型です。変数の型は、その変数で扱うデータの種類を表しており、そ
のデータをどのように扱うべきかを定義するものです。たとえば、3という数
値をint型の変数に代入するとint型の値として扱いますが、double型の変数に
代入すればdouble型の値として扱います。

また、参照型変数の場合は、データの値ではなく参照（というデータ）が格
納されているため、参照の先にあるインスタンスをどのように扱うかを変数
の型で宣言していることになります。設問のコードの場合、実際に扱ってい
る箇所がMainクラスの3行目です。

例 設問のMainクラス

```
1.   public class Main {
2.       public static void main(String[] args) {
3.           A a = new B();
4.           a.test();
5.       }
6.   }
```

3行目では、Bのインスタンスを生成し、そのインスタンスへの参照をA型の
変数に代入しています。こうすることで、BのインスタンスをA型で扱うこと
ができます。

参照型変数の型は、参照の先にあるインスタンスを「どの型で扱うか」を定
義するものです。しかし、**実際に動作するのは型ではなく、インスタンスそ
のもの**です。BのインスタンスをA型で扱っても、動作するのはBのインスタ
ンスです。そのため、BでAのメソッドをオーバーライドしていれば、オーバー

ライドしたメソッドが動作します。よって、Mainクラスの4行目のtestメソッ
ドは、Bが持っているtestメソッドが実行されます。したがって、選択肢Bが
正解です。

試験対策 ポリモーフィズムについての出題では、変数の型ではなく、実際に動作
するインスタンスはどの型なのかを確認しましょう。

➡ P119

コードにおける抽象化の表現に関する問題です。
解答6で解説したように、抽象化は共通部分だけに着目し、その他の部分を
無視することで、複雑な構造を単純化する技法です。**ポリモーフィズム**は、
継承やインタフェースの実装によって**抽象化**を実現します。

設問のコードは、Parentクラスを継承したChildクラスを定義しています。注意
しなければならないのは、ParentとChildで定義しているmethodメソッドのシグ
ニチャが異なる点です。つまり、Childのmethodメソッドは、オーバーライ
ドではなくオーバーロードしているのです。そのため、ChildクラスのStringを
引数に受け取るmethodメソッドは、Parentには存在しないメソッドです。

もし、サブクラスを抽象化してスーパークラス型で扱った場合、スーパーク
ラスの定義とは共通しないサブクラス独自のメソッドは無視され、存在しな
いものとして扱われます。
設問のMainクラスの4行目では、Parentには存在しない、オーバーロードされ
たmethodメソッドを実行しようとしています。そのため、ここで次のような
コンパイルエラーが発生します。

例 設問のコードのコンパイル結果

```
Main.java:4: エラー: クラス Parentのメソッド methodは指定された型
に適用できません。
                p.method("Child");
                ^
  期待値: 引数がありません
  検出値: String
  理由: 実引数リストと仮引数リストの長さが異なります
エラー1個
```

したがって、選択肢**E**が正解です。

ポリモーフィズムの特徴に関する問題です。

ポリモーフィズムは、さまざまな種類のインスタンスを抽象化し、共通の型で扱います。ポリモーフィズムには、次のような特徴があります。

・ どの型で扱っていたとしても、実際に動作するのはインスタンスそのものである
・「使う側」のクラスは、「共通化して扱える型」だけを知っていればよく、「使われる側」の具体的な違いを意識することはない
・「使う側」が「使われる側」の変更の影響を受けることはない（選択肢**C**）
・ 影響を受けるのは、共通化して扱える型が変わったときのみ

たとえば、ポリモーフィズムを使えば、次のようにAクラスを継承したBクラスとCクラスがあったとき、どちらのクラスから作られたインスタンスも共通のA型で扱うことができます。

例 B、Cの共通の親となるAクラス

```
public class A {
    public void test() {
        System.out.println("A");
    }
}
```

例 Aクラスを継承したBクラス

```
public class B extends A {
    public void test() {
        System.out.println("B");
    }
}
```

例 Aクラスを継承したCクラス

```
public class C extends A {
    public void test() {
        System.out.println("C");
    }
}
```

※次ページに続く

次のSampleクラスは、A型のインスタンスへの参照をコンストラクタで受け取ります（3行目）。そのため、コンストラクタの引数には、抽象化すればA型で扱える、クラスBやCのインスタンスへの参照を渡すことができます。

例 Sampleクラス

```
1.  public class Sample {
2.      private A a;
3.      public Sample(A a) {
4.          this.a = a;
5.      }
6.      public void method() {
7.          a.test();
8.      }
9.  }
```

これらのクラスを結び付けているのが、次のMainクラスです。このクラスのmainメソッドでは、Sampleのインスタンスを生成し、続いてBのインスタンスを生成し、その参照をSampleのコンストラクタに渡しています。なお、Sampleのコンストラクタは、A型しか受け取りません。しかし、抽象化すればBのインスタンスへの参照はA型で扱えるため、ここでコンパイルエラーが発生することはありません。

例 Mainクラス

```
public class Main {
    public static void main(String[] args) {
        Sample s = new Sample(new B());
        s.method();
    }
}
```

Bのインスタンスへの参照が渡されたSampleのコンストラクタでは、このインスタンスへの参照を「A型への参照」として扱います。しかし、A型で扱っても実際に動作するのはBのインスタンスであり、実行されるのはオーバーライドしたメソッドです。よって、このコードを実行すれば、コンソールには「B」と表示されます。BのインスタンスをA型で扱っているからといって、Aクラスのtestメソッドが実行されるわけではありません。

ここまでのクラス同士の関係を表したのが、次のクラス図です。

【A、B、C、Sample、Mainの関係】

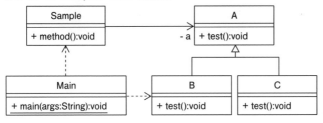

図からわかるとおり、SampleはAを使っていますが、Bとは関係を持っていません。そのため、Sampleのコード中には、Bが登場しません。このように使っている側（Sample）と使われている側（B）に直接の関係がないと、変更発生時に修正すべき対象が少なく済みます。たとえば、次のようにMainを変更しても、Sampleのコードは1行も変更する必要がありません。

例 Mainクラスの変更

```
public class Main {
    public static void main(String[] args) {
        Sample s = new Sample(new C());
        s.method();                    ↑
    }                                 変更点
}
```

このようにポリモーフィズムは、**使う側と使われる側が直接関係しないようにする**ことで、変更時の影響範囲を局所化します。

冒頭のポリモーフィズムの特徴とコード例を照らし合わせると次のようになります。

・ A型で扱っていても、動作するのはBのインスタンス
・ SampleはAのことだけを知っている
・ BがCに変わってもSampleは変更しなくてよい
・ Aが変わると、Sample、B、Cのすべてが影響を受ける

以上のことから、選択肢**C**が正解です。

サブクラスはスーパークラスの特性を引き継ぐため、サブクラス側でオーバーライドしない限り、スーパークラスの変更は、それを継承したサブクラスに直接影響を及ぼします。同様にインタフェースの変更は、クラスが従うべき仕様の変更を意味するため、それを実装したクラスに影響を及ぼします。

よって、選択肢AとDは誤りです。

スーパークラスを拡張して、サブクラスに新しい機能を追加することを継承と呼びます。サブクラスの変更がスーパークラスに影響を及ぼすことはありません。これは継承の特徴であって、ポリモーフィズムのメリットとは関係がありません。よって、選択肢Bも誤りです。

10.　A ➡ P120

情報隠蔽の概念に関する問題です。
解答6では、共通点があるモジュールを単純化し、同種のものとして扱う「抽象化」について学びました。抽象化は複雑なモジュールで構成されるソフトウェアを単純化する技法として使われていますが、本設問で問われている情報隠蔽は、抽象化の効果を維持するために必要な設計原則です。

抽象化によって単純化されたモジュール間の関係が、後々の保守時に崩れ、ソフトウェアの構造が複雑になってしまうと、変更コストが大幅に増えてしまう可能性があります。最悪の場合、コストがかかりすぎるために保守不能に陥ることもあり得ます。このような事態を防ぐためにも、抽象化・単純化された構造が崩れないような設計が求められます。

単純化された構造が崩れるのは、抽象化によって無視したはずのモジュールが使われてしまうためです。たとえば、モジュール群を抽象化し、単純化して扱うとき、使う側が使われる側の詳細を知っている状況があるとします。「詳細を知っている」というのは、共通の型だけでなく、具体的にどのクラスのインスタンスが動いているか、各クラスがどのような独自メソッドを持っているかを知っていることです。
このような状況では、「便利だから」「楽だから」という理由で、無視したはずの独自機能を使おうとする開発者が出てしまう可能性があります。その結果、シンプルだったはずの関係が次の図のように複雑化してしまいます。

【複雑化したモジュール間の関係】

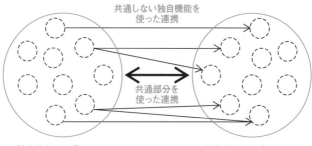

共通しない独自機能を使った連携

共通部分を使った連携

抽象化したモジュール A　　　　　　　　抽象化したモジュール B

モジュールの独自機能が使われるのを避けるために、公開すべきものと非公開にすべきものを分け、非公開にすべきものを隠蔽するよう設計をしなければいけません。公開すべきところは、抽象化によって着目した共通部分です。一方、非公開にすべきところは公開部分の反対、すなわち共通部分以外のすべてです。

さらに、非公開にする部分はアクセス制御を行います。こうすることで、長期間かけて改変され続けるソフトウェアであっても、当初の設計が崩れにくくなるのです。

以上のことから、選択肢**A**が正解です。選択肢Bはカプセル化の説明、選択肢Cはデータ隠蔽の説明、選択肢Dはオーバーロードの説明です。

11. C、E、F ➡ P120

情報隠蔽の実現方法に関する問題です。
情報隠蔽は、公開すべきものと、非公開にすべきものを分け、非公開にすべきものを隠蔽するよう設計するという原則です。

Javaでは、公開部分を**インタフェース**として定義します。抽象化されたモジュール群はインタフェースを実現するよう実装し、ポリモーフィズムによって、実際に動くインスタンスの型を隠蔽します。また、非公開部分への不適切なアクセスを防ぐために**パッケージ**や**アクセス修飾子**を使って、アクセスを制御します。

【情報隠蔽の実現方法のイメージ】

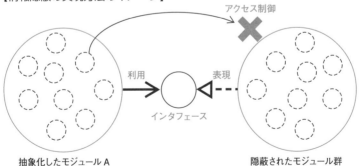

抽象化したモジュール A　　　　隠蔽されたモジュール群

それでは、具体的な情報隠蔽の実現方法を見てみましょう。次のSampleインタフェースは、公開するメソッドを規定しています（選択肢**C**）。

※次ページに続く

例 Sampleインタフェース

```
package test;

public interface Sample {
    void hello();
}
```

このSampleインタフェースを実装したクラスが次のSampleImplクラスです。このクラスの特徴は、publicなクラスではないことです。

例 Sampleインタフェースを実装したSampleImplクラス

```
package test;

class SampleImpl implements Sample {
    SampleImpl() {
        // do something
    }
    public void hello() {
        System.out.println("Hello");
    }
}
```

SampleImplのようにpublicではないクラスは、ほかのパッケージに属するクラスからインスタンス化できません。そこで、次のようにSampleImplのインスタンスを生成し、Sample型として戻すSampleFactoryクラスを用意します。このクラスはpublicなクラスであり、Sampleインタフェースとともに公開されるクラスです。

例 SampleImplのインスタンスを生成するSampleFactoryクラス

```
package test;

public class SampleFactory {
    public static Sample create() {
        return new SampleImpl();
    }
}
```

ここまでが使われる側です。最後に、使う側のクラスを用意します。この

Mainクラスは、SampleやSampleImpl、SampleFactoryとはパッケージが異なる点（無名パッケージ）に注意してください。

例 Mainクラス

```java
import test.Sample;
import test.SampleFactory;

public class Main {
    public static void main(String[] args) {
        Sample s = SampleFactory.create();
        s.hello();
    }
}
```

このMainクラスはSampleなどとはパッケージが異なるため、公開されているインタフェースやクラスしか利用できません。そのため、SampleFactoryのcreateメソッドを使って、Sample型のインスタンスを受け取り、helloメソッドを呼び出します。このとき、MainクラスはSampleImplの存在を一切知りません。仮に次のコードのように、MainクラスがSampleImplのインスタンスをnewで生成しようとしても、SampleImplのアクセス修飾子がデフォルト（アクセス修飾子なし）になっているため、パッケージ外からアクセスできず、コンパイルエラーになります（選択肢**E**)。

例 Mainクラス

```java
import test.Sample;
import test.SampleFactory;
import test.SampleImpl;

public class Main {
    public static void main(String[] args) {
        Sample s = new SampleImpl();
        s.hello();
    }
}
```

※次ページに続く

第 5 章

オブジェクト指向の概念（解答）

例 実行結果

```
Main.java:3: エラー: testのSampleImplはpublicではありません。パッケージ外からはアクセスできません
import test.SampleImpl;
          ^
Main.java:7: エラー: シンボルを見つけられません
          Sample s = new SampleImpl();
                         ^
  シンボル:   クラス SampleImpl
  場所: クラス Main
エラー2個
```

なお、クラスを非公開にするには、今回採用したクラスのアクセス修飾子を
変更する方法以外にも、コンストラクタのアクセス修飾子をpublic以外にす
る方法もあります。コンストラクタを使ったアクセス制御は、アクセス修飾
子にデフォルトやprotected、privateなども使えるため、より柔軟な制御が可
能です（選択肢F）。

選択肢AとBは、データ隠蔽に関する実装方法なので誤りです。また、クラス
宣言時に指定できるアクセス修飾子は、publicかデフォルトです。なお、イ
ンナークラスの場合はprivateも可能です。よって、選択肢Dも誤りです。

試験対策

情報隠蔽とは、抽象化の効果を維持するために、公開すべきものと非公
開にすべきものを分け、非公開にすべきものを隠蔽する設計原則です。

12.　D

→ P120

インタフェースの概念と特徴に関する問題です。
本設問は、情報隠蔽の実現方法として挙げた**インタフェース**について問うも
のです。インタフェースには、次のような特徴があります。

・ 実装を持たないメソッド宣言のリスト（選択肢B）
・ 実装を持たないため、インスタンス化できない（選択肢C）
・ 実装は、インタフェースを実現したクラスが提供する
・ メソッドの宣言以外には、定数のみ定義できる

Javaのプログラムは、コンパイルや実行時に「型」と「実装」に分けて扱わ
れます。インタフェースは、この「型」を表したものです（選択肢A）。ここ
では、インタフェースを理解するために、まず「型」と「実装」が異なる概

念であることを覚えましょう。

Javaのプログラミングでの基本的な単位は、「クラス」です。クラスには、どのように動くべきかという「実装」が記述されています。

一方、オブジェクト指向設計の基本的な単位は、「型（タイプ）」です。型とは、オブジェクトの「種類」を表したものです。オブジェクト指向設計では、どのような種類のオブジェクトがどのような種類のオブジェクトと連携するかを検討することから始めます。
型を使って設計すれば、過度に詳細になりがちな実装を意識しなくてもよいため、ソフトウェアの全体構造を検討できます。そのため、オブジェクト指向設計では、全体像（ソフトウェアの構造）を検討してから、詳細な動作（実装）を検討していきます。

このように、オブジェクト指向では型と実装を異なる概念として扱います。実際に動作するもの（実装）と、その扱い方（型）が一致する必要はありません。そのため、ある実装を、それを持つクラスとは別の型で扱うという、ポリモーフィズムが成り立つのです。

クラスは、型と実装の両方を持っています。実装を持たず、型だけを定義したものをインタフェースと呼びます（選択肢A）。「実装を持たない」とは、「どのように動作すればよいかという具体的な処理を持たない」ということを意味します。そのため、インタフェースはインスタンス化できません。実装は、インタフェースを実現したクラスが提供します。

また、型は動作しないため、変わらないものだけを定義できます。変わらないものには、メソッドの宣言と定数があります。具体的には、インタフェースにもメソッドの宣言とstaticな定数のみが定義できます（選択肢**D**）。インタフェースは、メソッド宣言と定数のリストだと覚えておきましょう。

参考

Java 8以降は、インタフェースにデフォルトメソッドやstaticメソッドを定義できるようになりましたが、Java SE Bronze試験の出題範囲外ですので、本書では説明を割愛します。

13. A、B
→ P120

抽象化、ポリモーフィズム、情報隠蔽の概念に関する問題です。
解答6で説明したとおり、**抽象化**によって複数のモジュールをあたかも1つのモジュールであるかのように扱えます。抽象化に使うのが「型」の情報です。intやdoubleといったデータ型がそのデータの種類を表すように、型は種類で

あり、「同じ型」であれば「同じ種類」であることを意味します。

Javaでは、intやdoubleといったプリミティブ型以外にクラスやインタフェースも型として扱えます。解答12で説明したように、型（扱い方）と実装（動作）は異なるものです。そのため、共通のクラスを継承したり、共通のインタフェースを実現したりすることで、異なる型のインスタンス同士でも、同じ型のインスタンスとして扱えます。このようにインスタンスそのものの型ではなく、抽象化した型でインスタンスを扱うことを「ポリモーフィズム」と呼びます。つまり、抽象化はポリモーフィズムそのものです（選択肢**A**）。

解答10で説明したとおり、ソフトウェアは**情報隠蔽**をしなければ、改変を繰り返すたびに複雑化してしまう可能性があります。そのため、公開する型（インタフェースやクラス）を定め、それに対応する実装（クラス）を隠蔽する情報隠蔽は、ポリモーフィズムと深い関わりを持っています（選択肢**B**）。

データ隠蔽は、外部のモジュールから内部のデータを隠蔽することです（解答3を参照）。カプセル化に深く関わる設計原則であり、ポリモーフィズムと直接関わるものではありません（選択肢C）。

関係するデータとそのデータを使う処理をひとまとめにすることを、「**カプセル化**」と呼びます。カプセル化によってまとめられたモジュールをJavaでは「クラス」と呼びます。カプセル化は、単体のクラスについての設計原則であり、ポリモーフィズムとは直接関係しません（選択肢D）。なお、カプセル化の詳細については、解答1を参照してください。

14. D　　　➡ P121

has-a関係の意味とコードでの表現について問う問題です。

ソフトウェア開発に限らず、何らかの対象を理解するための行動を「分析」と呼びます。ソフトウェア開発では、顧客の要求を聞き、何を作らなければいけないかを正しく理解するために、要求そのものや背景となる業務の分析は欠かせません。

古くからある分析のための技法には、「分解」と「分類」の2つがあります。分解は構造を明らかにし、分類は共通点を体系化します。オブジェクト指向によるモデリングでは、この分解と分類という技法を取り入れ、ソフトウェアとして表現すべき対象を理解しやすくしています。

対象となる「ものごと」がどのような要素で成り立っているか「分解」し、ものごとの構成関係を表すのが「has-a関係」です。たとえば、自動車がタイヤやエンジン、ハンドルなどで構成されている場合には、次のような関係が成り立ちます。

- 自動車 has-a タイヤ
- 自動車 has-a エンジン
- 自動車 has-a ハンドル

これらの関係は「自動車はタイヤを持っている」や「自動車はタイヤで構成されている」と言い表します。このように、ものごとを分解して「全体と部分の関係」で表現するのが**has-a関係**です。

「持っている」ことをJavaでは、**フィールド**で表現します。たとえば、自動車がエンジンを持っている場合には、次のようなコードで表現します。

例 フィールド「エンジン」を持つ「自動車」クラス

```
1.  public class Car {
2.      private Engine engine;
3.      public void setEngine(Engine engine) {
4.          this.engine = engine;
5.      }
6.  }
```

2行目のEngine型のフィールドによって、CarはEngineを持っていることを表現します。

設問では「A has-a B」の関係であるコード、つまりAがB型のフィールドを持っているものを選択します。したがって、選択肢**D**が正解です。

15. B、C ➡ P122

is-a関係の意味とコードでの表現について問う問題です。
分類は、共通点を見つけて体系化することで、全体像を見失うことなく、個別のものごとに分解する分析の技法です。分解が構造を使った分析方法であるのに対し、分類は意味や役割、本質に着目して分析する方法です。オブジェクト指向では分類を汎化・特化の関係で表現し、Javaでは継承の関係で表現します。なお、インタフェースとそれを実現するクラスとの関係も**is-a関係**にあるといえます。

たとえば、乗り物を継承した自動車があったとき、自動車は乗り物の一種です。このような関係があったとき、「自動車 is-a 乗り物（自動車は乗り物である）」というようにis-aを使って2つの関係を表現します。

さらに自動車を継承したガソリン車と電気自動車を定義すると、次のような

関係が成り立ちます。

・ ガソリン車 is-a 自動車
・ 電気自動車 is-a 自動車

先ほどの「自動車 is-a 乗り物」という関係に加えると、ガソリン車は自動車の一種で、自動車は乗り物の一種である関係が成り立ちます。そのため、「ガソリン車 is-a 乗り物」という関係も成り立ちます。同様に、電気自動車も乗り物の一種であることがわかります。このような関係は、次のようにクラス図に置き換えるとわかりやすいでしょう。

【自動車の分類】

is-a関係は「サブクラス is-a スーパークラス」または「実装クラス is-a インタフェース」という関係で表現します。「自動車 is-a ガソリン車（自動車はガソリン車である）」のように反対にならないようにしましょう。また、「ガソリン車 is-a 電気自動車（ガソリン車は電気自動車である）」という関係がおかしいように、同じスーパークラスを継承したサブクラス同士もis-a関係は成り立ちません。以上のis-a関係が成り立つ関係と成り立たない関係は次の図のようになります。

【is-a関係が成り立つ関係、成り立たない関係】

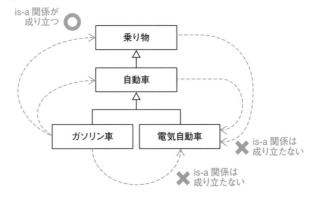

この図からわかるとおり、is-a関係が成り立つのは、下位から上位への分類に対してだけです。上位から下位や横の分類に対してはis-a関係は成り立ちません。

設問のコードをクラス図に直すと、次のようになります。

【設問をクラス図で表現】

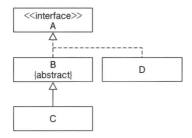

各選択肢については以下のとおりです。

A. F.　上位から下位の分類への関係であり、is-a関係は成り立ちません。
B. C.　どちらも下位から上位の分類への関係であり、is-a関係が成り立ちます。
D. E　クラス図を見るとわかるとおり、横の分類に対しての関係であり、is-a関係は成り立ちません。BクラスとDクラスの間には、直接の関係がないことに注意しましょう。

したがって、選択肢**B**と**C**が正解です。

16.　C ➡ P123

型の互換性についての問題です。
設問のようなポリモーフィズムに関する出題は、まず変数の型とインスタンスの互換性を確認するようにしましょう。互換性を確認するためにも、UMLのクラス図を記述すると理解しやすくなります。複雑だと感じたら、積極的にUMLを利用しましょう。設問のコードをクラス図で表すと次のようになります。

【設問のコードのクラス図】

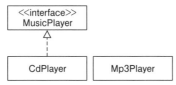

※次ページに続く

このクラス図からわかるとおり、CdPlayerクラスはMusicPlayerインタフェースを実現しています。しかし、Mp3PlayerクラスはMusicPlayerインタフェースと関係がありません。そのため、ポリモーフィズムを使ってMp3PlayerのインスタンスをMusicPlayer型で扱うことはできません。

設問のMainクラスの3行目では、MusicPlayer型の配列型変数を宣言し、初期化子を使ってCdPlayerとMp3Playerのインスタンスを要素に指定しています。

例 設問のMainクラスの3行目

```
3.  MusicPlayer[] players = {new CdPlayer(), new Mp3Player(), new CdPlayer()};
```

しかし、前述のとおり、Mp3PlayerクラスはMusicPlayer型で扱えないため、MusicPlayer型の配列オブジェクトの要素として渡せず、次のようなコンパイルエラーが発生します。したがって、選択肢**C**が正解です。

例 実行結果

```
Main.java:3: エラー: 互換性のない型
MusicPlayer[] players = { new CdPlayer(), new Mp3Player(),new CdPlayer() };
                                          ^
  期待値: MusicPlayer
  検出値:   Mp3Player
エラー1個
```

なお、次のようにMp3PlayerクラスがMusicPlayerインタフェースを実現していた場合はコンパイルが成功し、実行すると「ABA」とコンソールに表示されます。

例 修正したMp3Playerクラス

```
public class Mp3Player implements MusicPlayer {
    public String play() {              ↑
        return "B";                     追加
    }
}
```

試験対策

ポリモーフィズムに関する問題では、まず変数の型とインスタンスの互換性を確認しましょう。UMLのクラス図を記述すると理解しやすくなります。

具象クラスと抽象クラスの特徴に関する問題です。

クラスには、**抽象クラス**と**具象クラス**があります。この2つの違いは、抽象メソッドを持てるか否かです。

抽象クラスに定義する実装を持たないメソッドの宣言のことを「**抽象メソッド**」と呼びます。抽象メソッドの実装は、抽象クラスを継承したサブクラスが提供します。つまり、抽象クラスは継承を前提としたクラスであるといえます（選択肢**B**）。

具象クラスは、実行するためのクラスです。そのため、すべてのメソッドが実装済みでなくてはいけません。

例 具象クラス

```java
public class Sample {
    public void test() {
        // do something
    }
}
```

もう一方の抽象クラスは、具象クラスとインタフェース両方の性質を併せ持っており、実装済みのメソッドに加えて、インタフェースのように抽象メソッドを定義できます。

例 抽象クラス

```java
public abstract class Sample {
    public void test() {
        // do something
    }
    // 実装を持たない抽象メソッド
    public abstract void hoge();
}
```

このように抽象クラスは、抽象メソッド（未実装のメソッド）を定義することができるため、インスタンス化できません（選択肢C）。

具象クラスは、すべての実装を持っており、インスタンス化して使用します（選択肢A）。具象クラスは、継承することが可能なだけであって、抽象クラスのように継承させるために存在するものではありません（選択肢D）。

第 6 章

クラス定義と
オブジェクトの使用

- クラスの定義
- インスタンスの生成
- コンストラクタの定義と呼び出し
- メソッドの呼び出し
- メソッドのオーバーロード
- デフォルトコンストラクタ
- thisの利用
- アクセス修飾子
- staticフィールド

1. クラスの名前として適切なものを選びなさい。(2つ選択)

    A.   EmployeeList

    B. $EmployeeList

    C.   1EmployeeList

    D.   Employee-List

    E.   %EmployeeList

➡ P179

2. クラスブロック内に定義できる要素として正しいものを選びなさい。(3つ選択)

    A.   フィールド

    B.   メソッド

    C.   コンストラクタ

    D.   パッケージ文

➡ P180

3. クラス定義の記述として正しいものを選びなさい。(1つ選択)

    A.
```
class ClassA(int a) {
    // クラス内の定義
}
```

    B.
```
ClassA {
    // クラス内の定義
}
```

    C.
```
class ClassA() {
    // クラス内の定義
}
```

    D.
```
class ClassA {
    // クラス内の定義
}
```

➡ P180

4. 次のプログラムの3行目にインスタンスを生成するコードを記述したい。正しいものを選びなさい。（1つ選択）

```
1.   public class Main {
2.       public static void main(String[] args) {
3.           // インスタンス生成のコード
4.       }
5.   }
6.   class ClassA {
7.       // クラス内の定義
8.   }
```

A.   ClassA classA = new ClassA;
B.   ClassA classA = new ClassA();
C.   ClassA classA = create ClassA();
D.   ClassA classA = create ClassA;

➡ P181

5. コンストラクタの定義に関する説明として正しいものを選びなさい。（1つ選択）

A.   コンストラクタの戻り値型はvoidにする
B.   コンストラクタには、引数を定義できない
C.   コンストラクタ名は、クラス名と同じにする
D.   コンストラクタには、戻り値型を指定できる

➡ P182

6. 次のプログラムの4行目にメソッド呼び出しのコードを記述したい。正しいものを選びなさい。(1つ選択)

```
1.  public class Main {
2.      public static void main(String[] args) {
3.          ClassA classA = new ClassA();
4.              // メソッド呼び出しのコード
5.      }
6.  }
7.
8.  class ClassA {
9.      void doMethod() {
10.             // メソッド内の処理
11.     }
12. }
```

A. classA.doMethod();
B. classA+doMethod();
C. classA doMethod();
D. classA:doMethod();

➡ P184

7. 次のプログラムの実行後に、Documentクラスのインスタンスはいくつ生成されるか。正しい個数を選びなさい。(1つ選択)

```
1.  public class Main {
2.      public static void main(String[] args) {
3.          Document doc1 = null;
4.          Document doc2 = new Document();
5.          Document doc3 = doc2;
6.          Document doc4 = doc3;
7.      }
8.  }
```

A. 1個
B. 2個
C. 3個
D. 4個

➡ P185

8. メソッドをオーバーロードする場合に、一致させなければいけないメソッド定義の要素として適切なものを選びなさい。（1つ選択）

    A. メソッド名、引数の数

    B. メソッド名、引数の型と順番

    C. メソッド名、戻り値型

    D. メソッド名のみ

9. メソッドのシグニチャを構成する要素として正しいものを選びなさい。（4つ選択）

    A. 引数の数

    B. 引数の名前

    C. アクセス修飾子

    D. 引数の型

    E. メソッド名

    F. 戻り値の型

    G. 引数の順番

➡ P188

第 6 章

クラス定義とオブジェクトの使用（問題）

10. 次のクラスにメソッドをオーバーロードして定義する場合の記述として、正しいものを選びなさい。（2つ選択）

```
1.   public class ClassA {
2.       int doMethod(int a) {
3.           return 1;
4.       }
5.   }
```

A.   String doMethod(int a) {
          return "abc";
      }

B.   int doMethod() {
          return 1;
      }

C.   int doMethod(int a, int b) {
          return 1;
      }

D.   int didMethod(int a) {
          return 1;
      }

➡ P188

11. 次のプログラムをコンパイル、実行したときの結果として、正しいもの
を選びなさい。（1つ選択）

```
1.  public class Main {
2.      public static void main(String[] args) {
3.          ClassA classA = new ClassA();
4.          classA.doMethod(0);
5.      }
6.  }
7.
8.  class ClassA {
9.      public void doMethod() {
10.         System.out.println("doMethod-A");
11.     }
12.     public void doMethod(int a) {
13.         System.out.println("doMethod-B");
14.     }
15. }
```

A. 何も表示されない

B. 「doMethod-A」と表示される

C. 「doMethod-B」と表示される

D. コンパイルエラーが発生する

E. 実行時に例外がスローされる

 P189

12. 次のクラスに定義するコンストラクタとして、正しいものを選びなさい。
（1つ選択）

```
1.  public class Account {
2.      private int balance;
3.  }
```

A. public void Account(int balance) {
        this.balance = balance;
    }

B. public Account() {
        this.balance = 0;
    }

C. public static Account() {
        this.balance = 0;
    }

D. public Constructor(int balance) {
        this.balance = balance;
    }

➡ P190

13. 次のプログラムをコンパイル、実行したときの結果として、正しいものを選びなさい。（1つ選択）

```
1.   public class Main {
2.       public static void main(String[] args) {
3.           Station s = new Station();
4.           s.setName("Santa Clara");
5.           s.printName();
6.       }
7.   }
8.
9.   class Station {
10.      private String name;
11.
12.      public Station(String name) {
13.          this.name = name;
14.      }
15.      public void setName(String name) {
16.          this.name = name;
17.      }
18.      public void printName() {
19.          System.out.println(name);
20.      }
21.  }
```

A. 何も表示されない
B. 「Santa Clara」と表示される
C. コンパイルエラーが発生する
D. 実行時に例外がスローされる

→ P190

第6章

クラス定義とオブジェクトの使用（問題）

167

14. 次のプログラムをコンパイル、実行したときの結果として、正しいもの
を選びなさい。(1つ選択)

```
1.  public class Main {
2.      public static void main(String[] args) {
3.          Document d = new Document("James");
4.          d.printOwner();
5.      }
6.  }
7.
8.  class Document {
9.      private String owner;
10.
11.     public Document() {
12.         this.owner = "none";
13.     }
14.     public Document(String owner) {
15.         this.owner = owner;
16.     }
17.     public void printOwner() {
18.         System.out.println(owner);
19.     }
20. }
```

A.　何も表示されない
B.　「none」と表示される
C.　「James」と表示される
D.　コンパイルエラーが発生する
E.　実行時に例外がスローされる

➡ P191

15. this( )の説明として正しいものを選びなさい。(1つ選択)

A.　自クラスのインスタンスを指し示し、メソッドの呼び出しに利
用する
B.　自クラスのコンストラクタを指し示し、コンストラクタの呼び
出しに利用する
C.　自クラスのインスタンスを指し示し、フィールドの参照に利用
する
D.　自クラスのコンストラクタを指し示し、メソッドの呼び出しに
利用する

➡ P192

16. 次のプログラムの13行目に挿入するコードとして正しいものを選びな
さい。（1つ選択）

```
1.  public class Main {
2.      public static void main(String[] args) {
3.          Book b = new Book();
4.          b.print();
5.      }
6.  }
7.
8.  class Book {
9.      private String title;
10.     private int price;
11.
12.     public Book() {
13.         // insert code here
14.     }
15.     public Book(String title, int price) {
16.         this.title = title;
17.         this.price = price;
18.     }
19.     public void print() {
20.         System.out.println(title + "," + price);
21.     }
22. }
```

A. this("none", 0);

B. Book("none", 0);

C. this("none");

D. Book("none");

→ P193

17. 次のプログラムを実行し、画面に「sample」と表示したい。次のプログラムの15行目にあてはまるコードを選びなさい。（1つ選択）

```
1.  public class Main {
2.      public static void main(String[] args) {
3.          Item item = new Item();
4.          item.setName("sample");
5.          System.out.println(item.getName());
6.      }
7.  }
8.
9.  class Item {
10.     private String name;
11.     public String getName() {
12.         return name;
13.     }
14.     public void setName(String name) {
15.         // insert code here
16.     }
17. }
```

A.   name = name;
B.   this.name = name;
C.   name = this.name;
D.   String name = name;

18. アクセス修飾子とその意味の組み合わせとして、正しいものを選びなさい。（2つ選択）

A.   public ―― すべてのクラスからアクセス可能
B.   private ―― 同一パッケージ内のクラスと、サブクラスからアクセス可能
C.   public ―― 同一パッケージ内のすべてのクラスからアクセス可能
D.   private ―― 同一クラスからアクセス可能

→ P195

19. 次のプログラムをコンパイル、実行したときの結果として、正しいもの
を選びなさい。（1つ選択）

```
1.   public class Main {
2.       public static void main(String[] args) {
3.           Food f = new Food("a food");
4.           f.name = "b food";
5.           f.print();
6.       }
7.   }
8.
9.   class Food {
10.      private String name;
11.
12.      public Food(String n) {
13.          name = n;
14.      }
15.      public void print() {
16.          System.out.println(name);
17.      }
18.  }
```

A. 何も表示されない
B. 「a food」と表示される
C. 「b food」と表示される
D. コンパイルエラーが発生する
E. 実行時に例外がスローされる

➡ P196

20. 次のプログラムを実行し、実行結果のとおりになるようにしたい。空欄にあてはまるコードを選びなさい。（1つ選択）

```
1.  public class Main {
2.      public static void main(String[] args) {
3.          System.out.println(ClassA.str);
4.      }
5.  }
6.
7.  class ClassA {
8.      [      ] String str = "hoge";
9.  }
```

【実行結果】

```
hoge
```

- A. void
- B. static
- C. final
- D. public

➡ P196

21. 次のプログラムを実行し、実行結果のとおりになるようにしたい。空欄にあてはまるコードを選びなさい。（1つ選択）

```
 1.  public class Main {
 2.      public static void main(String[] args) {
 3.          int n =      ;
 4.          System.out.println(n);
 5.      }
 6.  }
 7.
 8.  class ClassA {
 9.      public static int number = 50;
10.  }
```

【実行結果】

50

- A. ClassA.static.number
- B. ClassA.number
- C. classA.number
- D. static.ClassA.number

➡ P198

22. 次のプログラムをコンパイル、実行したときの結果として、正しいもの
を選びなさい。(1つ選択)

```
1.  public class Main {
2.      public static void main(String[] args) {
3.          Part p1 = new Part();
4.          Part p2 = new Part();
5.          p1.count = 1;
6.          System.out.println(p2.count);
7.      }
8.  }
9.
10. class Part {
11.     public static int count = 0;
12. }
```

A. 何も表示されない
B. 0が表示される
C. 1が表示される
D. コンパイルエラーが発生する
E. 実行時に例外がスローされる

➡ P200

23. 次のプログラムを実行し、実行結果のとおりになるようにしたい。空欄
にあてはまるキーワードを選びなさい。（1つ選択）

```
 1.  public class Main {
 2.      public static void main(String[] args) {
 3.          ClassA.doMethod();
 4.      }
 5.  }
 6.
 7.  class ClassA {
 8.      [      ] void doMethod() {
 9.          System.out.println("do something");
10.      }
11.  }
```

【実行結果】

```
do something
```

A. public
B. this
C. super
D. static

→ P201

次のプログラムをコンパイル、実行したときの結果として、正しいもの
を選びなさい。（1つ選択）

```
1.  public class Main {
2.      public static void main(String[] args) {
3.          ClassA a = new ClassA();
4.          String str = a.doMethod();
5.          System.out.println(str);
6.      }
7.  }
8.
9.  class ClassA {
10.     static String doMethod() {
11.         return "hoge";
12.     }
13. }
```

A. 何も表示されない
B. 「hoge」と表示される
C. コンパイルエラーが発生する
D. 実行時に例外がスローされる

➡ P202

25. 次のプログラムをコンパイル、実行したときの結果として、正しいもの
を選びなさい。（1つ選択）

```
 1.  public class Main {
 2.      public static void main(String[] args) {
 3.          int n = ClassA.getNumber();
 4.          System.out.println(n);
 5.      }
 6.  }
 7.
 8.  class ClassA {
 9.      private int number = 0;
10.
11.      public static int getNumber() {
12.          return number;
13.      }
14.  }
```

A. 何も表示されない

B. 0が表示される

C. コンパイルエラーが発生する

D. 実行時に例外がスローされる

➡ P203

次のプログラムをコンパイル、実行したときの結果として、正しいもの
を選びなさい。(1つ選択)

```
1.  public class Main {
2.      public static void main(String[] args) {
3.          Counter c1 = new Counter();
4.          Counter c2 = new Counter();
5.          c1.incrementCount();
6.          c2.incrementCount();
7.          System.out.println(Counter.getCount());
8.      }
9.  }
10.
11. class Counter {
12.     static int count = 0;
13.
14.     public static int getCount() {
15.         return count;
16.     }
17.     public static void incrementCount() {
18.         count++;
19.     }
20. }
```

A. 0が表示される
B. 1が表示される
C. 2が表示される
D. コンパイルエラーが発生する
E. 実行時に例外がスローされる

➡ P204

第6章　クラス定義とオブジェクトの使用
解　答

→ P160

1.　A、B

クラス名に使用できる文字に関する問題です。

クラス名の1文字目以降は、Unicode文字、アンダースコア「_」、ドル記号「$」のいずれかでなければいけません。**2文字目以降**は、これに加え数字（0〜9）も使用できます。また、Javaのキーワード（予約語）や、リテラルであるtrue、false、nullは使用できません。なお、Unicode文字も使用可能なので、ひらがなや漢字をクラス名に含めることもできます。

例　漢字のクラス名の定義、使用

```
public class Sample {
    public static void main(String[] args) {
        社員 employee = new 社員();
    }
}

class 社員 {
    // クラス内の定義
}
```

ただし、このように日本語をクラス名や変数名などに使うことはあまり一般的ではないため推奨されません。試験対策としては次の3点がクラス名として使用できることを覚えておきましょう。

・ Unicode文字
・ 数字（2文字目以降）
・ アンダースコア「_」とドル記号「$」

各選択肢については以下のとおりです。

A.　すべてアルファベットで、正しく記述されています。
B.　ドル記号「$」は、1文字目に使用可能な記号です。
C.　1文字目に数字を使用することはできません。
D. E.使用できる記号はアンダースコアとドル記号です。ハイフン「-」やパーセント記号「%」は使用できません。

したがって、選択肢**A**と**B**が正解です。

2. A、B、C　➡ P160

クラスのブロック内に定義できる要素に関する問題です。クラスは次の3つの要素で成り立っています。

【クラスの構成要素】

クラスのブロック内には、インスタンスの状態を表現する**フィールド**、インスタンスの事前準備のための**コンストラクタ**、一連の処理をまとめた**メソッド**が含まれます。したがって、選択肢**A**、**B**、**C**が正解です。

パッケージ文は、クラスブロックの外側に記述します（選択肢D）。パッケージ文については、第7章の解答18を参照してください。

3. D　➡ P160

クラス定義の記述に関する問題です。クラス定義の構文は、次のとおりです。

構文
```
アクセス修飾子 class クラス名 {
    // クラス内の定義
}
```

クラス宣言には、必ず**class**キーワードを付けます。クラス宣言に記述できる「アクセス修飾子」には、publicがあります。このアクセス修飾子は省略も可能です。省略した場合はデフォルトのアクセス修飾子が適用され、同一パッケージ内からのみアクセスを許可します（詳細は解答18を参照）。「クラス名」は、使用可能な文字（解答1を参照）を用いていれば自由に付けることができます。

以上のことから、選択肢**D**が正解です。その他の選択肢は以下の理由により誤りです。

A. クラス名の後ろに変数を宣言することはできません。

B. classキーワードがありません。

C. クラス名の後ろにカッコ「()」を記述することはできません。

→ P161

4. B

クラスのインスタンス化に関する問題です。

クラスは「型」の定義であり、そのままでは利用することはできません。定義されたクラスを基にして、**インスタンス**を生成して初めて利用することができます。インスタンスを生成することを「インスタンス化」と呼びます。

インスタンス生成の構文は、次のとおりです。

構文
```
クラス名 変数名 = new クラス名();
クラス名 変数名 = new クラス名(引数);
```

「クラス名」は、インスタンス化するクラスの名前を記述します。「**クラス名()**」「**クラス名(引数)**」の部分は、コンストラクタを呼び出しています（コンストラクタについては解答5を参照）。**new**キーワードは、コンストラクタを呼び出し、インスタンスを生成します。コンストラクタの名前は、**クラス名と同じ**でなければいけません。コンストラクタはメソッドの一種なので、カッコ「()」を付ける必要があります。

インスタンス生成のコードの例を次に示します。

例 インスタンスの生成

```
1.  public class Sample {
2.      public static void main(String[] args) {
3.          Student s = new Student();
4.      }
5.  }
6.
7.  class Student {
8.  }
```

コードの3行目では、Studentクラスのインスタンスを生成しています。このとき、変数sにインスタンスそのものが代入されるわけではないことに注意しましょう。インスタンスは別の領域（ヒープ）に作られるため、変数にはその領域にアクセスするためのリンク情報が代入されます。このリンク情報の

ことを「参照」と呼びます。参照型変数は、インスタンスではなく参照を保持していることを忘れないようにしましょう。

【参照型変数は参照を保持】

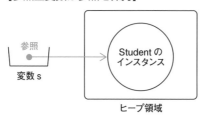

変数 s

ヒープ領域

以上のとおり、選択肢**B**が正解です。その他の選択肢は以下の理由により誤りです。

A.　カッコが付いていません。
C. D.インスタンスを生成するキーワードはcreateではなくnewです。

試験対策　インスタンス化で変数に代入されるのはインスタンスではなく、インスタンスへの参照です。

5.　C　→ P161

コンストラクタ定義の規定に関する問題です。
コンストラクタは、生成したインスタンスがほかのインスタンスから使われる前に事前の準備をするためのメソッドです。

コンストラクタ定義の構文は、次のとおりです（選択肢B）。

構文
```
アクセス修飾子　コンストラクタ名（引数）　{
    // インスタンスの初期化処理
}
```

コンストラクタに関しては、次の3つのルールがあります。

・コンストラクタ名は、クラス名と同じでなければいけない（選択肢**C**）
・戻り値型は記述できない（選択肢A、D）
・インスタンス生成時にしか使えない

次のコード例では、インスタンスを生成して、13〜16行目の定義に基づいて
コンストラクタでフィールドを初期化するなど、インスタンスの準備をして
います。

例 コンストラクタの定義とインスタンス化

```
1.   public class Sample {
2.       public static void main(String[] args) {
3.           Item item = new Item(100, "商品A");
4.           int code = item.getCode();
5.           String name = item.getName();
6.           System.out.println(code + " " + name);
7.       }
8.   }
9.   class Item {
10.      private int code;
11.      private String name;
12.
13.      public Item(int code, String name) {
14.          this.code = code;
15.          this.name = name;
16.      }
17.      public int getCode() {
18.          return this.code;
19.      }
20.      public String getName() {
21.          return this.name;
22.      }
23.  }
```

上記のmainメソッドの動作を図で表すと次のようになります。

※次ページに続く

【Itemクラスのコンストラクタを利用してインスタンス化したイメージ】

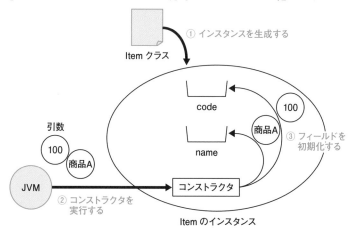

前述のとおり、コンストラクタはインスタンスの事前準備をするためのメソッドです。そのため、図のようにまずインスタンスが作られ、その後コンストラクタが実行されます。コード例でコンストラクタの引数に「100」と「商品A」というデータを渡しています。Itemのコンストラクタはこのデータを使ってフィールドの値を初期化しています。その後、このインスタンスへの参照が変数itemに代入されます。

試験対策

コンストラクタに関する以下のルールを覚えておきましょう。
・コンストラクタ名は、クラス名と同じでなければならない
・戻り値型は記述できない
・インスタンス生成時にしか使えない

---

6. A ➡ P162

インスタンスのメソッド呼び出しに関する問題です。メソッド呼び出しの構文は、次のとおりです。

構文

　変数名. メソッド名(引数);

「変数名」は、インスタンスへの参照を保持した変数を記述します。その後ろにドット「.」を続け、呼び出したい「メソッド名」を記述します。「引数」が必要な場合は、カッコ「()」内に記述します。

以上のことから、選択肢**A**が正解です。選択肢Bのプラス記号「+」、選択肢C

の空白、選択肢Dのコロン「:」は使用できません。

次のコードは、メソッド呼び出しの例です。3行目で、Roomクラスのインスタンスを生成し、その参照を変数rに代入しています。4行目で、変数rが保持している参照先のインスタンスのprintメソッドを呼び出しています。

例 メソッド呼び出し

```
1.   public class Sample {
2.       public static void main(String[] args) {
3.           Room r = new Room(203);
4.           r.print();
5.       }
6.   }
7.
8.   class Room {
9.       private int number;
10.
11.      Room(int number) {
12.          this.number = number;
13.      }
14.      void print() {
15.          System.out.println(number + "号室");
16.      }
17.  }
```

例 実行結果

203号室

---

7.   A   ➡ P162

参照型変数に関する問題です。
参照型変数は、インスタンスへの参照を扱うための変数です。設問のコードの3行目で変数doc1に代入している**null**は、参照先がないことを示すためのリテラルです。よって、この変数はインスタンスへの参照を保持していないことになります。

4行目ではDocumentクラスのインスタンスを生成し、そのインスタンスへの参照を変数doc2に代入しています。5行目では、変数doc2が保持している参照を変数doc3に代入しています。代入演算子「=」は、値をコピーして変数に

代入する演算子であるため、変数doc2とdoc3は同じインスタンスへの参照をそれぞれ保持していることになります。なお、代入演算子によってコピーされるのは変数の中身であって、参照している先にあるインスタンスはコピーされないので注意してください。

6行目では、変数doc3が保持している参照を変数doc4にコピーして代入しています。変数doc3が保持している参照は、変数doc2と同じインスタンスへの参照です。そのため、doc2、doc3、doc4の3つの変数は、同じインスタンスへの参照をそれぞれ保持していることになります。

ここまでのコードでインスタンスを生成しているのは、4行目の1回だけです。よって、選択肢**A**が正解となります。

試験対策

null が代入された参照型変数は、どのインスタンスへの参照も保持していません。

8.　D

➡ P163

オーバーロードの規定に関する問題です。
オーバーロードは「多重定義」と呼ばれ、1つのクラス内に引数の型や数、並び順が異なる、同じ名前のメソッドを複数定義することです（選択肢A、B）。クラス名や変数名などの識別子は重複が許されていませんが、メソッドの場合はメソッド名と引数のセットで識別されるため、引数さえ異なれば同名のメソッドが定義可能です（選択肢**D**）。
このメソッド名と引数のセットのことを「**シグニチャ**」と呼びます。シグニチャには、次の4つが含まれます。

・ メソッド名
・ 引数の数
・ 引数の型
・ 引数の順番

【シグニチャ】

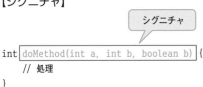

シグニチャ

```
int doMethod(int a, int b, boolean b) {
    // 処理
}
```

次のコードは、メソッドのオーバーロードの例です。このコードでは、引数なしのdoMethodメソッドに加えて、引数ありのdoMethodメソッドをオーバーロードして定義しています。

例 メソッドのオーバーロード（1）

```
public class Sample1 {
    void doMethod() {
        // 処理
    }
    void doMethod(int a, int b) {
        // 処理
    }
}
```

シグニチャには戻り値型の定義は含まれません（選択肢C）。メソッド名と引数が同じで、戻り値の型だけが違うメソッドを多重定義することはできません。そのようなメソッドを定義するとコンパイルエラーが発生します。

ただし、メソッドのオーバーロードの要件を満たしていれば、次のように戻り値型を変えることも可能です。

例 メソッドのオーバーロード（2）

```
public class Sample2 {
    void doMethod() {
        // 処理
    }
    String doMethod(int a) {
        return "ABC";
    }
}
```

オーバーロードは、メソッドの処理目的は同じでも、さまざまなデータを引数に渡して処理したい場合に用います。たとえば、配列の要素を並べ替える処理を目的としていて、int配列型の変数とdouble配列型の変数の両方を並べ替えたい場合は、メソッドのオーバーロードを用いることができます。

※次ページに続く

例 違う型の引数を取るメソッドのオーバーロード

```
public class Sample3 {
    void sort(int[] array) {
        // 並べ替え処理
    }
    void sort(double[] array) {
        // 並べ替え処理
    }
}
```

以上のとおり、選択肢**D**が正解です。

試験対策

オーバーロードは「多重定義」と呼ばれ、1つのクラス内に引数の型や数、並び順が異なる、同じ名前のメソッドを複数定義することです。「再定義」を意味するオーバーライド（第7章の解答9を参照）との違いを押さえておきましょう。

試験対策

シグニチャには、メソッド名、引数の数、引数の型、引数の順番が含まれます。メソッドの戻り値は含まれないことに注意しましょう。

9. A、D、E、G → P163

メソッドの**シグニチャ**に含まれるものは、メソッド名、引数の数、引数の型、引数の順番です。したがって、選択肢**A**、**D**、**E**、**G**が正解です。
引数の名前はシグニチャに含まれません（選択肢B）。引数の名前だけを変えたシグニチャのメソッドを複数定義すると、同一のメソッド定義と認識されコンパイルエラーとなります。
アクセス修飾子、戻り値型は、シグニチャには含まれません（選択肢C、F）。

10. B、C → P164

オーバーロードするメソッドの定義に関する問題です。
戻り値の型が異なっていても、シグニチャ（メソッド名と引数のセット）が同じ場合は、同一のメソッドとして扱われます。よって、選択肢Aは誤りです。
選択肢**B**と**C**は、メソッド名は同じで引数の数が異なり、オーバーロードの要件を満たしています。選択肢Dは、メソッド名が異なるためオーバーロードではありません。

188

オーバーロードしたメソッドの呼び出しに関する問題です。
オーバーロードしたメソッドは、**引数に渡すデータの型と数**、**順番**により、どれが実行されるのかが決まります。

次のSampleクラスは、doMethodという名前のメソッドを、オーバーロードを使って3つ定義しています。それぞれ、引数を受け取らないメソッド、int型の引数を1つ受け取るメソッド、int型の引数を2つ受け取るメソッドとして定義しています。

例 オーバーロードメソッドを定義したSampleクラス

```
1.   public class Sample {
2.       public void doMethod() {
3.           System.out.println("引数なし");
4.       }
5.       public void doMethod(int a) {
6.           System.out.println("引数int型データ1つ");
7.       }
8.       public void doMethod(int a, int b) {
9.           System.out.println("引数int型データ2つ");
10.      }
11.  }
```

このSampleクラスを利用しているクラスが、次のSampleMainクラスです。

例 メソッドを呼び出しているSampleMainクラス

```
1.   public class SampleMain {
2.       public static void main(String[] args) {
3.           Sample s = new Sample();
4.           s.doMethod(100);
5.       }
6.   }
```

SampleMainクラスの4行目では、int型のデータを1つ渡してdoMethodメソッドを呼び出しています。そのため、int型を1つ取るdoMethodメソッド（Sampleクラスの5～7行目）が実行され、次のようにコンソールに表示されます。

※次ページに続く

第6章

クラス定義とオブジェクトの使用（解答）

例 実行結果

> 引数int型データ1つ

このように、引数として渡すデータの種類や数、順番により、実行されるメソッドが選択されます。

設問のコードのClassAクラスには、引数なしのdoMethodメソッドとint型の引数を1つ受け取るdoMethodメソッドを定義しています。メソッド呼び出しは4行目に記述されており、ここでdoMethodの引数にint型の値0を渡しているため、12～14行目に定義したメソッドが呼び出されます。したがって、選択肢**C**が正解です。

12.　B → P166

コンストラクタの定義に関する問題です。コンストラクタの詳細については、解答5を参照してください。
各選択肢については以下のとおりです。

A. 戻り値型としてvoidを記述しているため、コンストラクタではなくメソッド定義です。
B. 解答5で説明したコンストラクタのルールに沿って、正しく記述されています。
C. staticキーワードは、コンストラクタには記述できません。このコードはコンパイルエラーになります。
D. コンストラクタはクラス名と同一でなければいけません。 このコードはコンパイルエラーになります。

したがって、選択肢**B**が正解です。

13.　C → P167

デフォルトコンストラクタに関する問題です。
デフォルトコンストラクタとは、クラスにコンストラクタを明示的に記述しなかった場合に、**コンパイラが自動的に追加する引数なしのコンストラクタ**です。
インスタンスを生成するにはコンストラクタが必要です。コンストラクタを明示的に記述しなかった場合は、「インスタンスを生成できないクラス」になってしまいます。そうした矛盾が起こらないよう、デフォルトコンストラクタが存在しています。プログラマーがコンストラクタを明示的に記述した場合、デフォルトコンストラクタは自動的に追加されることはありません。

例 デフォルトコンストラクタが追加される場合

```
public class Sample1 {
    private int a;
                ← 明示的なコンストラクタ定義がない
    public void setA(int a) {
        this.a = a;
    }
}
```

例 デフォルトコンストラクタが追加されない場合

```
public class Sample2 {
    private int a;

    public Sample2(int a) {
        this.a = a;                ← 明示的なコンストラクタ定義がある
    }
    public void setA(int a) {
        this.a = a;
    }
}
```

Sample1クラスではコンストラクタを（明示的に）定義していないので、コンパイル時にデフォルトコンストラクタが自動的に追加されます。
一方、Sample2クラスにはint型の引数を受け取るコンストラクタを定義しているため、デフォルトコンストラクタは追加されません。

設問のコード9〜21行目のStationクラスでは、12〜14行目でString型の引数1つを受け取るコンストラクタを定義しています。したがって、デフォルトコンストラクタは追加されません。
3行目ではStationクラスをインスタンス化していますが、引数なしのコンストラクタを呼び出しているため、コンパイルエラーが発生します。したがって、選択肢**C**が正解です。

14. **C**   ➡ P168

オーバーロードされたコンストラクタの呼び出しに関する問題です。オーバーロードされたメソッドを呼び出す際、引数の型や数、順番によって呼び出されるメソッドが選択されます。これはメソッドの一種であるコンストラクタも同様です。

設問のコード8〜20行目のDocumentクラスには、引数なしのコンストラクタ（11〜13行目）とString型の引数1つを受け取るコンストラクタ（14〜16行目）が定義されています。

3行目ではDocumentクラスのインスタンスを生成しています。コンストラクタにString型のデータを渡してインスタンス化しているので、14〜16行目で定義しているString型のデータを1つ受け取るコンストラクタが呼び出されます。コンストラクタブロック内では、引数のデータ "James" をフィールドに代入しています。4行目でprintOwnerメソッドを呼び出し、フィールドownerが保持しているデータをコンソールに出力します。したがって、選択肢**C**が正解です。

15. B

コンストラクタ内から、オーバーロードした別のコンストラクタを呼び出す方法に関する問題です。
this( )は、コンストラクタから、オーバーロードした別のコンストラクタの呼び出しをする際に利用します。したがって、選択肢**B**が正解です。
自クラスのインスタンスを指し示す**this**キーワードと間違えないように注意しましょう（選択肢A、C）。

次のコードは、this( )によるコンストラクタの呼び出しの例です。

例 this( )によるコンストラクタの呼び出し

```
public class Sample1 {
    private int a;
    private int b;

    public Sample1() {
        this(10);
    }

    public Sample1(int a) {
        this.a = a;
        this.b = -5;
    }
}
```

引数なしのコンストラクタブロック内から、オーバーロードした引数ありのコンストラクタを呼び出す

this( )は、**コンストラクタブロック内の先頭行**でのみ利用できます。
this( )をコンストラクタブロック内の先頭行以外で利用するとコンパイルエ

ラーになります。次にその例を示します。

例 this( )の誤った記述

```
public class Sample2 {
    private int a;
    private int b;

    public Sample2() {
        a = 5;
        this(10);      ← this( )がコンストラクタブロック内の先頭行以外で
    }                     利用されているため、コンパイルエラーになる

    public Sample2(int a) {
        this.a = a;
        this.b = -5;
    }
}
```

試験対策　this()は、コンストラクタブロック内の先頭行でのみ利用でき、先頭行以外で利用するとコンパイルエラーになります。

16. A　　　　　　　　　　　　　　　　　　　　　　➡ P169

this( )に関する問題です。

設問のBookクラスでは、12〜14行目で引数なしのコンストラクタを定義し、15〜18行目でString型とint型のデータを引数とするコンストラクタをオーバーロードしています。また、Mainクラスの3行目では引数なしのコンストラクタを呼び出しています。

コンストラクタから、オーバーロードした別のコンストラクタを呼び出す際には、コンストラクタ名で呼び出すことはできません（選択肢B、D）。こうした場合はthis( )で呼び出しますが、選択肢Cは、引数にString型のデータを1つ受け取るコンストラクタが定義されていないためコンパイルエラーになります。選択肢**A**では、this( )を使って引数がString型、int型の順のコンストラクタを呼び出しています。15〜18行目に記述されているコンストラクタの引数のシグニチャに一致するため、このコンストラクタが呼び出されます。

変数のスコープ（有効範囲）とthisキーワードについての問題です。

メソッド内で宣言する変数のことを「ローカル変数」と呼びます。ローカル変数の名前は、命名規則にのっとっていれば自由に決められますが、**宣言済みの名前は使えません**。ただし、これはメソッド内に限ったことで、**メソッドが異なれば同じ名前のローカル変数を宣言できます**。

たとえば、次のtestメソッドでは変数aを重複して宣言しているため、3行目でコンパイルエラーが発生します。一方、6行目でも変数aを宣言していますが、これはメソッドが異なるためコンパイルエラーにはなりません。

例 同じ名前のローカル変数を重複して宣言した場合（コンパイルエラー）

```
1. public void test() {
2.     int a = 10;
3.     int a = 20;
4. }
5. public void sample() {
6.     int a = 10;
7. }
```

また、次のように**引数で使っている変数名**と同じ名前の変数を宣言しても、同じメソッド内で同じ名前の変数を宣言したことになるため、コンパイルエラーになります。したがって、選択肢Dは誤りです。

例 メソッドのローカル変数と同じ名前の変数を宣言（コンパイルエラー）

```
1. public void sample(int a) {
2.     int a = 10;
3. }
```

この「変数名は重複してはいけない」というルールはメソッド内だけに適用されるため、前述のとおりメソッドが異なる場合や、次のコードのようにフィールドとしてローカル変数が重複する場合には、コンパイルエラーは発生しません。

例 ローカル変数の宣言

```
1. public class Sample {
2.     private int num; // フィールド
3.     public void setNum(int num) { // ローカル変数
4.         num = num;
5.     }
6. }
```

フィールドとローカル変数の名前が同じ場合は、メソッド内でこれらの変数を使ったときには**ローカル変数が優先されます**。そのため、上記の4行目のコードでは、ローカル変数numにローカル変数numの値を代入し直しているだけで、フィールドnumの値は変化しません。したがって、選択肢Aは誤りです。

このようにローカル変数ではなく、フィールドを使いたい場合には、**this**を使います。thisは、**インスタンスそのものを表すキーワード**で、次のように「this.フィールド名」と記述することで、ローカル変数ではなくフィールドを使うことができます。

例 thisの使用例

```
1. public class Sample {
2.     private int num;
3.     public void setNum(int num) {
4.     this.num = num; // フィールドnumに引数の値を代入する
5.     }
6. }
```

以上のことから、選択肢**B**が正解です。選択肢Cは、フィールドの値をローカル変数に代入しているだけで、フィールドの値が変化することはありません。よって、誤りです。

18.　A、D ➡ P170

アクセス修飾子の意味を問う問題です。
フィールドやメソッドを**アクセス修飾子**で修飾することで、ほかのクラスからそのフィールドやメソッドが使えるかどうかを制御できます。アクセス修飾子の種類は次の4つです。

※次ページに続く

【アクセス修飾子】

アクセス修飾子	説明
public	すべてのクラスからアクセス可能
protected	同一パッケージ内のクラスからと、サブクラスからアクセス可能
なし	同一パッケージ内のクラスからのみアクセス可能(デフォルト)
private	同一クラスからアクセス可能

上記のとおり、選択肢**A**と**D**が正解です。

試験対策 アクセス修飾子の種類とアクセス可能な範囲を覚えておきましょう。

19.　D

アクセス制御に関する問題です。
設問のコード4行目では、Foodの参照を持つ変数fのフィールドnameに
"b food" を代入しています。しかし、フィールドnameのアクセス修飾子は
privateのため、ほかのクラスからはアクセスできません。そのため、コンパイルエラーとなります。したがって、選択肢**D**が正解です。

20.　B
⮕ P172

staticフィールドに関する問題です。
staticフィールドは、インスタンスを生成しなくても利用できるフィールドです。staticフィールドの宣言は次のように記述します。

構文

> アクセス修飾子 static 型名 変数名;

staticフィールドを宣言するには、「型名」の前に**static**キーワードを記述します。アクセス修飾子とstaticキーワードの順番を逆にしてもかまいません。

staticフィールドはインスタンス化しなくても、「**クラス名.staticフィールド名**」と記述して利用できます。また、staticフィールドは**すべてのインスタンスで共有**されます。

196

例 staticフィールドの宣言と利用

```
1.   public class Sample {
2.       public static void main(String[] args) {
3.           ClassA c1 = new ClassA();
4.           ClassA c2 = new ClassA();
5.
6.           ClassA.str = "hoge"; // staticフィールドの利用
7.           c1.num = 7;
8.           c2.num = 4;
9.       }
10.  }
11.  class ClassA {
12.      static String str; // staticフィールドの宣言
13.      int num;
14.  }
```

【staticフィールドのイメージ】

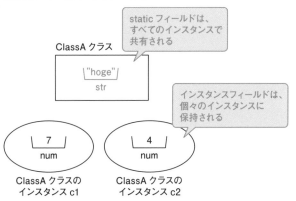

設問のコードでは、インスタンス化を行わずに3行目で「**クラス名.フィールド名**」の形式でフィールドを利用しています。クラス名を指定してフィールドにアクセスするには、そのフィールドがstaticフィールドでなければいけません。したがって、選択肢**B**が正解です。

その他の選択肢は以下の理由により誤りです。

A. voidはメソッドの戻り値型に指定できるキーワードで、フィールド宣言には利用できません。

C. finalは定数宣言に利用するキーワードです。staticキーワードを記述しない

と、インスタンスフィールドとして扱われるため、「**クラス名.フィールド名**」
と記述できません。
D. publicキーワードはアクセス修飾子です。選択肢Cと同じく、staticキーワー
ドを記述しないとインスタンスフィールドとして扱われます。

21. B → P173

staticフィールドの利用に関する問題です。
staticフィールドにアクセスするには、次のように記述します。

構文

クラス名.staticフィールド名

staticフィールドは、「**クラス名.フィールド名**」でアクセスするのが基本ですが、
次のようにインスタンスの参照を保持した変数を使ってアクセスすることも
可能です。

例 staticフィールドへのアクセス

```
ClassA a = new ClassA();
a.number = 10;
```

このように「**インスタンスの変数名.staticフィールド名**」の形式で記述しても、
コンパイル時に「**クラス名.staticフィールド名**」という形式に置き換えられ
ます。上記の例であれば、「a.number」は「ClassA.number」に置き換えら
れます。

なお、「**インスタンスの変数名.staticフィールド名**」の形式で記述すると、
staticフィールドをインスタンスフィールドと間違えて利用してしまうおそれ
があります。staticフィールドはインスタンスによって共有されるので、誤っ
てインスタンスフィールドとして利用してしまうと、ほかのインスタンスに
影響を及ぼしてしまいます。このため、「**インスタンスの変数名.staticフィー
ルド**」の形式で記述しないようにしましょう。

次ページのコードは、staticフィールドをインスタンスフィールドのように利
用した例です。
5、6行目では、Itemクラスのインスタンスの変数名item1とitem2を使って
staticフィールドに異なる文字列を代入しています。nameがインスタンス
フィールドであれば、それぞれのインスタンスは "A"、"B" を保持しますが、
nameはstaticフィールドなのですべてのインスタンスで共有されます。この
ため、5行目でnameに代入された "A" を、6行目で "B" で上書きすることになり

ます。したがって、変数item1を使ってnameへアクセスし、コンソールに出力すると結果は "B" となります。

例 「インスタンスの変数名.staticフィールド」によるアクセス

```
 1.  public class Sample {
 2.      public static void main(String[] args) {
 3.          Item item1 = new Item();
 4.          Item item2 = new Item();
 5.          item1.name = "A";
 6.          item2.name = "B";
 7.          System.out.println(item1.name);
 8.      }
 9.  }
10.  class Item {
11.      static String name;
12.  }
```

例 実行結果

```
B
```

このように、インスタンスフィールドと間違えてstaticフィールドにデータを設定してしまうと、staticフィールドを共有しているほかのインスタンスにも影響を及ぼしてしまいます。
このコード例のイメージは次のとおりです。

【nameへのアクセスのイメージ】

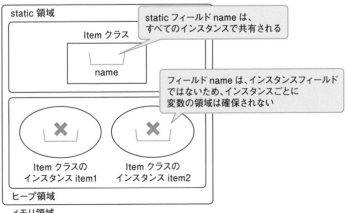

各選択肢については以下のとおりです。

A. D. 構文が正しくありません。

B.   正しい構文で記述されています。

C.   classAというインスタンスの変数名を宣言しインスタンスを生成していれば「**インスタンスの変数名.staticフィールド名**」でアクセスできますが、そのように記述されていません。

したがって、選択肢**B**が正解です。

<table>
<tr><td>**22.**</td><td>**C**</td><td>➡ P174</td></tr>
</table>

staticフィールドに関する問題です。staticフィールドは、すべてのインスタンスで共有されるフィールドです。インスタンスごとにデータを管理できるインスタンスフィールドとは異なることに注意しましょう。

設問のコードでは次のようなstaticフィールドを宣言しています。

例 staticフィールドcountの宣言

```
class Part {
    public static int count = 0;
}
```

このコード例のイメージは次のとおりです。

【staticフィールドのイメージ】

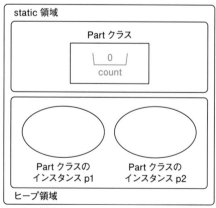

インスタンスフィールドは、インスタンスごとにデータを保持します。その
データは、Javaが使えるメモリ領域のうち、「**ヒープ領域**」と呼ばれる領域に
保持されます。一方、staticフィールドは、ヒープ領域とは別の「**static領域**」
にデータが保持されます。各インスタンスはstatic領域への参照を保持してい
るため、staticフィールドはすべてのインスタンスで共有されます。

設問のコード3行目で、Partクラスが初めてアクセスされたタイミングで、
staticフィールドcountは0で初期化されます。その後、インスタンスの変数名
p1を使って、staticフィールドcountに1を代入しています（5行目）。staticフィー
ルドはすべてのインスタンスで共有されるため、p2を使ってアクセスした
staticフィールドは1を保持しています（6行目）。したがって、選択肢**C**が正
解です。

---

23. **D** → P175

staticメソッドの定義に関する問題です。**staticメソッド**は、staticメソッドが
定義されたクラスから生成されたインスタンスで共有されるのが特徴です。
staticメソッドの定義は、次のように記述します。

構文

> アクセス修飾子 `static` 戻り値型 メソッド名(引数) {
>   // 処理
> }

メソッド定義の戻り値型の前に、**static**キーワードを記述します。アクセス
修飾子とstaticキーワードの順番を逆にしてもかまいません。

staticメソッドを定義したクラスのコード例とイメージを次に示します。

例 staticメソッドの定義

```
public class Branch {
    String branchName;

    static String getBankName() {
        return "Bank of Java";
    }
    String getBranchName() {
        return branchName;
    }
}
```

【staticメソッドのイメージ】

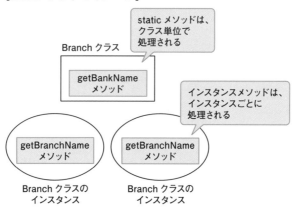

なお、staticメソッドをほかのクラスから呼び出すには、「**クラス名.staticメ ソッド名(引数)**」と記述します。

設問のコードは3行目で「**クラス名.メソッド名(引数)**」の形式でdoMethodメ ソッドを呼び出しています。コンパイルが成功し、コードを実行できるよう にするには、doMethodメソッドがstaticメソッドである必要があります。し たがって、選択肢**D**が正解です。

選択肢Aは、アクセス修飾子のpublicキーワードです。メソッド定義にstatic キーワードが含まれないため、インスタンスメソッドになります。インスタ ンスメソッドは、「**クラス名.インスタンスメソッド名(引数)**」では呼び出せま せん。選択肢Bは、自クラスのインスタンスを指し示すthisキーワードです。 選択肢Cは、スーパークラスのインスタンスを指し示すsuperキーワードです。 これらはいずれもメソッド宣言には利用できません。

24.　B

→ P176

staticメソッドの呼び出しに関する問題です。staticメソッドは、「**クラス 名.staticメソッド名(引数)**」の形式で呼び出します。また、staticメソッド は、すべてのインスタンスで共有されるため、「**インスタンスの変数名.static メソッド名(引数)**」の形式で呼び出すことも可能です。

設問のコード4行目では、インスタンスの変数名aを使って、staticメソッドを 呼び出しています。doMethod()メソッドから "hoge" が戻され、変数strに代入 されます。したがって、選択肢**B**が正解です。

staticメソッド内からのフィールドアクセスに関する問題です。staticメソッド内から、自クラスに定義されたインスタンスフィールドとインスタンスメソッドは利用できないことに注意しましょう。

staticメソッドは、インスタンスを生成しなくても呼び出せるという特徴があります。もし、staticメソッド内からインスタンスフィールドやインスタンスメソッドを利用できてしまうと、インスタンスが生成されていない状況で、インスタンスフィールドやインスタンスメソッドが利用できることになってしまい、staticメソッドの特徴との矛盾が生じます。

【staticメソッドからインスタンスフィールドへのアクセス】

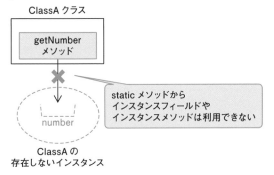

設問のコード12行目では、staticメソッド内から、9行目で宣言したインスタンスフィールドへアクセスしているためコンパイルエラーとなります。したがって、選択肢**C**が正解です。

試験対策 staticメソッドからインスタンスフィールドおよびインスタンスメソッドにアクセスすると、コンパイルエラーになります。

staticフィールドとstaticメソッドに関する問題です。staticフィールドは、staticメソッド内からアクセス可能です。また、staticフィールドは、すべてのインスタンスで共有されることに注意しましょう。

【staticフィールド、staticメソッドのイメージ】

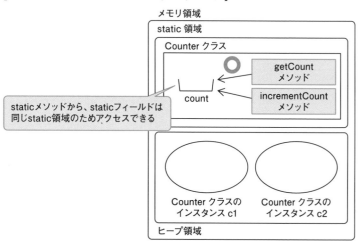

設問のコード5、6行目では、インスタンスの変数名c1、c2を使ってstaticメソッドのincrementCountを計2回呼び出しています。incrementCountメソッドは、staticフィールドcountをインクリメントします。フィールドcountの初期値は0なので、6行目の処理後、countは2を保持しています。7行目でstaticメソッドgetCountを呼び出し、変数countの値をコンソールに出力しています。したがって、選択肢**C**が正解です。

第 7 章

継承とポリモーフィズム

- コンストラクタ、コンストラクタチェーン
- メソッドのオーバーライド
- インタフェースの定義と実装
- 抽象クラス、抽象メソッド
- パッケージ宣言とインポート

1. Aクラスを継承したBクラスを定義しているコードとして、正しいものを選びなさい。（1つ選択）

A.
```
public class A extends B {
    // any code
}
```

B.
```
public class B extends A {
    // any code
}
```

C.
```
public class A implements B {
    // any code
}
```

D.
```
public class B implements A {
    // any code
}
```

➡ P217

2. 次のようなクラスがあったとき、Sampleクラスのインスタンスが持っているメソッドとして正しいものを選びなさい。（1つ選択）

```
1.  public class A {
2.      public void methodA() {
3.          System.out.println("A");
4.      }
5.  }
```

```
1.  public class B extends A {
2.      public void methodB() {
3.          System.out.println("B");
4.      }
5.  }
```

```
1.  public class C extends A {
2.      public void methodC() {
3.          System.out.println("C");
4.      }
5.  }
```

```
1.  public class Sample extends C {
2.      // no more code
3.  }
```

A. methodAのみ

B. methodBのみ

C. methodCのみ

D. methodAとmethodB

E. methodAとmethodC

F. methodBとmethodC

G. どのメソッドも持たない

3. 次のプログラムをコンパイル、実行したときの結果として、正しいものを選びなさい。（1つ選択）

```
1.  public class SuperClass {
2.      private int num;
3.      public void setNum(int num) {
4.          this.num = num;
5.      }
6.  }
```

```
1.  public class SubClass extends SuperClass {
2.      private int num;
3.      public int getNum() {
4.          return this.num;
5.      }
6.  }
```

```
1.  public class Main {
2.      public static void main(String[] args) {
3.          SubClass sub = new SubClass();
4.          sub.setNum(10);
5.          System.out.println(sub.getNum());
6.      }
7.  }
```

A. SubClassの2行目でコンパイルエラーが発生する

B. Mainクラスの4行目の実行中に例外がスローされる

C. 0が表示される

D. 10が表示される

4. サブクラスのインスタンスが継承元のスーパークラスから引き継げないものを選びなさい。(2つ選択)

    A.   publicなメソッド
    B.   privateなインスタンスフィールド
    C.   コンストラクタ
    D.   finalなフィールド

➡ P225

5. 次のプログラムをコンパイル、実行したときの結果として、正しいものを選びなさい。(1つ選択)

```
1.  public class A {
2.      public A() {
3.          System.out.println("A");
4.      }
5.  }
```

```
1.  public class B extends A {
2.      public B() {
3.          System.out.println("B");
4.      }
5.  }
```

```
1.  public class Main {
2.      public static void main(String[] args) {
3.          B b = new B();
4.      }
5.  }
```

    A.   「A」と表示される
    B.   「B」と表示される
    C.   「A」「B」と表示される
    D.   「B」「A」と表示される

➡ P226

6. 次のプログラムをコンパイル、実行したときの結果として、正しいもの
を選びなさい。(1つ選択)

```
1.  public class SuperClass {
2.      public SuperClass(String val) {
3.          System.out.println(val);
4.      }
5.  }
```

```
1.  public class SubClass extends SuperClass {
2.      public void test() {
3.          System.out.println("test");
4.      }
5.  }
```

```
1.  public class Sample {
2.      public static void main(String[] args) {
3.          SubClass sub = new SubClass();
4.          sub.test();
5.      }
6.  }
```

A. コンパイルエラーが発生する
B. 実行時に例外がスローされる
C. 「nulltest」と表示される
D. 「test」と表示される

→ P227

第7章

継承とポリモーフィズム（問題）

209

7. 次のプログラムを実行し、実行結果のとおりになるようにしたい。SubClassクラスの3行目に挿入するコードとして、正しいものを選びなさい。(1つ選択)

```
1.   public class SuperClass {
2.       public SuperClass() {
3.           System.out.println("A");
4.       }
5.       public SuperClass(String val) {
6.           System.out.println(val);
7.       }
8.   }
```

```
1.   public class SubClass extends SuperClass {
2.       public SubClass() {
3.           // insert code here
4.       }
5.       public SubClass(String val) {
6.           System.out.println(val);
7.       }
8.   }
```

```
1.   public class Main {
2.       public static void main(String[] args) {
3.           new SubClass();
4.       }
5.   }
```

【実行結果】

```
A
B
```

A.   SubClass("B");
B.   this("B");
C.   super("B");
D.   SuperClass("B");

➡ P229

8. 次のプログラムをコンパイル、実行したときの結果として、正しいもの
を選びなさい。（1つ選択）

```
1.   public class A {
2.       public A(String val) {
3.           System.out.println(val);
4.       }
5.   }
```

```
1.   public class B extends A {
2.       public B() {
3.           super("A");
4.           this("B");
5.       }
6.       public B(String val) {
7.           super(val);
8.       }
9.   }
```

```
1.   public class Main {
2.       public static void main(String[] args) {
3.           new B();
4.       }
5.   }
```

A. 「A」と表示される
B. 「B」と表示される
C. 「A」「B」と表示される
D. 「B」「A」と表示される
E. コンパイルエラーが発生する

➡ P232

9. サブクラスでスーパークラスのメソッドを再定義することを何と呼ぶ
か。正しいものを選びなさい。（1つ選択）

A. カプセル化
B. ポリモーフィズム
C. オーバーロード
D. オーバーライド

➡ P233

次のAクラスのhelloメソッドをオーバーライドしたメソッド定義として、正しいものを選びなさい。(1つ選択)

```
1.  public class A {
2.      protected void hello(){
3.          System.out.println("hello");
4.      }
5.  }
```

A. public void hello() {
        System.out.println("B");
    }

B. public String hello() {
        return "B";
    }

C. public void hello(String val) {
        System.out.println(val);
    }

D. void hello() {
        System.out.println("B");
    }

➡ P235

11. 次のAクラスのhelloメソッドをオーバーライドしたメソッド定義として、誤っているものを選びなさい。(1つ選択)

```
1. public class A {
2.     public void hello()
3.             throws RuntimeException, ArrayIndexOutOfBoundsException {
4.         System.out.println("A");
5.     }
6. }
```

A. public void hello() throws Exception {
        // any code
    }

B. public void hello() {
        // any code
    }

C. `public void hello() throws NullPointerException {`
    `    // any code`
    `}`

D. `public void hello() throws RuntimeException {`
    `    // any code`
    `}`

12. 次のプログラムを実行し、実行結果のとおりになるようにしたい。SubClassクラスの3行目に挿入するコードとして、正しいものを選びなさい。(1つ選択)

```
1.  public class SuperClass {
2.      public void sample() {
3.          System.out.println("super");
4.      }
5.  }
```

```
1.  public class SubClass extends SuperClass {
2.      public void sample() {
3.          // insert code here
4.          System.out.println("sub");
5.      }
6.  }
```

```
1.  public class Main {
2.      public static void main(String[] args) {
3.          SubClass sub = new SubClass();
4.          sub.sample();
5.      }
6.  }
```

【実行結果】

```
super
sub
```

A. `sample();`
B. `this.sample();`
C. `super.sample();`
D. `SuperClass.sample();`

213

13. インタフェースに定義するフィールドの修飾子として、正しいものを選びなさい。(3つ選択)

    A.   protected
    B.   static
    C.   final
    D.   abstract
    E.   public
    F.   native
    G.   synchronized

➡ P239

14. インタフェースに定義するメソッドの修飾子として、正しいものを選びなさい。(2つ選択)

    A.   protected
    B.   final
    C.   abstract
    D.   public
    E.   native
    F.   synchronized

➡ P240

15. インタフェースの特徴として、正しいものを選びなさい。(3つ選択)

    A.   クラスは1つだけインタフェースを実現できる
    B.   インタフェースは、ほかのインタフェースを継承できる
    C.   インタフェースは、単一継承のみ可能である
    D.   クラスはインタフェースを多重実現できる
    E.   インタフェースには、抽象メソッドが定義できる
    F.   インタフェースには、具象メソッドが定義できる

➡ P241

16. 抽象クラスに関する説明として、正しいものを選びなさい。(2つ選択)

    A.   すべてのメソッドは実装済みでなければならない
    B.   抽象メソッドを持つことができる
    C.   実現しているインタフェースのメソッドを実装する必要はない
    D.   インスタンスを生成できる
    E.   抽象メソッドは、暗黙的にabstractで修飾される

➡ P243

17. 次のプログラムをコンパイル、実行したときの結果として、正しいもの
を選びなさい。（1つ選択）

```
1.  public interface A {
2.      // any code
3.  }
```

```
1.  public class B implements A {
2.      // any code
3.  }
```

```
1.  public class C extends B {
2.      // any code
3.  }
```

```
1.  public class Main {
2.      public static void main(String[] args) {
3.          B b = new B();
4.          A a = b;
5.          C c = (C) a;
6.      }
7.  }
```

- A. Mainクラスの3行目でコンパイルエラーが発生する
- B. Mainクラスの4行目でコンパイルエラーが発生する
- C. Mainクラスの5行目でコンパイルエラーが発生する
- D. Mainクラスの4行目で例外がスローされる
- E. Mainクラスの5行目で例外がスローされる
- F. 正常に終了する

➡ P245

18. パッケージに関する説明として、正しいものを選びなさい。（3つ選択）

- A. 名前空間を提供する
- B. パッケージ名にはドメイン名を逆にしたものを使用しなければ
ならない
- C. アクセス制御を提供する
- D. クラスの分類を可能にする
- E. パッケージ宣言はソースファイルの1行目に記述する

➡ P248

19. インポート宣言に関する説明として、正しいものを選びなさい。(2つ選択)

A. java.langパッケージに所属するクラスは、インポート宣言を省略できる

B. 同じパッケージに所属するクラスは、インポート宣言を省略できる

C. 異なるパッケージに所属するクラスを利用する場合には、必ずインポート宣言をしなければならない

D. インポート宣言は、ソースファイルの先頭行から列挙しなければならない

E. インポート宣言では、利用したいクラスが所属するパッケージ名までを指定する

➡ P249

第7章 継承とポリモーフィズム

解 答

1. B

➡ P206

継承に関する問題です。

継承は、あるクラスを機能拡張した新しいクラスを定義することです。拡張元になるクラスのことを「**基底クラス**」や「**スーパークラス**」、拡張したクラスのことを「**派生クラス**」や「**サブクラス**」と呼びます。

継承は、生産性を上げる非常に強力なプログラミング手法です。複数のモジュールがあり、それぞれのコードに共通部分があったとき、同じコードを何度も記述するのは効率的とはいえません。もし、共通部分を持つプログラムが3つあれば、3回も同じコードを書かなければいけません。当然、その共通部分に変更が発生すれば3つとも変更する必要があります。

【非効率的なコード】

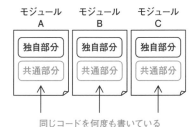

同じコードを何度も書いている

このような共通部分を別のモジュールとして分離し、それぞれのモジュールには差分だけを定義しておき、あとで結合すれば、何度も同じコードを書く手間を省くことができ、変更時に修正するコード数も減らせるというメリットもあります。このようなプログラミング手法のことを「**差分プログラミング**」と呼びます。この手法は、生産性を上げる手法として、Javaが登場する以前の1980年代から広く使われました。

※次ページに続く

【差分プログラミング】

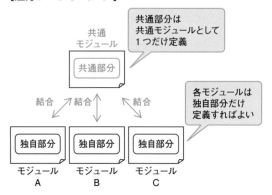

Javaの継承を実現するには、次のように**extendsキーワード**を使って、新しいクラスを定義します。

構文

> アクセス修飾子 class クラス名 extends スーパークラス名 {
>   // 拡張したい内容
> }

たとえば、SuperClassクラスを継承したSubClassクラスは、次のように定義します。

例 クラスの継承

```
1.  public class SubClass extends SuperClass {
2.      public void sample() {
3.          // do something
4.      }
5.  }
```

extendsには、「**拡張する**」という意味があります。上記のクラス宣言（1行目）は、「SuperClassクラスを拡張したSubClassというクラスを定義する」と後ろから読みます。なお、sampleメソッドはSuperClassクラスにはない独自処理をするためのメソッドです。つまり、**差分**です。

設問では、「Aクラスを継承したBクラスを定義する」とあるため、次のようにクラスを宣言します。

例 Aクラスを継承したBクラスの定義

```
public class B extends A {

}
```

以上のことから、選択肢**B**が正解となります。

選択肢Aでは「Bを継承したA」を定義してしまい、設問の逆になってしまいます。また、選択肢CやDに使用しているimplementsは、インタフェースを実現するためのキーワードです。

継承は、同じコードをあちこちに書かずに済むため、生産性を上げる強力な仕組みです。特に、開発時の生産性はかなり高くなるでしょう。しかし、1990年代以降、継承を多用することで変更に弱くなるという弊害も明らかになっています。

たとえば、次の図のように各モジュールが共通モジュールに依存しているような場合、共通モジュールを変更すると依存しているモジュールすべてが影響を受けます。つまり、1カ所の変更があちこちに影響を及ぼしてしまう可能性があるのです。

【共通モジュールに依存しているモジュール】

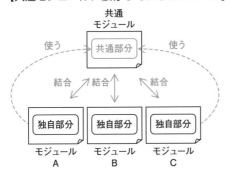

しかも、共通モジュールのコードを見ても、どのモジュールが依存しているかはわかりません。たとえば、次のAクラスのコードを見ても、「どのクラスがこのクラスを継承しているか」という情報はどこにもありません。

※次ページに続く

依存しているモジュールが不明な共通モジュールの例

```
public class A {
    // any code
}
```

そうすると、すべてのクラスに対して、Aクラスの変更による影響がないかを調べる必要が生じてしまいます。システムの規模によっては数千個にもなるクラスをすべて調べる作業はあまりにも非生産的です。もちろん、現代の開発ツールを使えばこの程度の影響の分析はそれほど労力を要しませんが、だからといって変更に弱い設計が推奨されるわけではないのです。

こうしたことから、現代のオブジェクト指向設計では差分プログラミングの実現のために継承を使わないのが主流です。継承を使う主な理由は、ポリモーフィズムの実現のためです。変更に弱くなる可能性を高める差分プログラミングはできるだけ避け、変更に強くするために継承を使うようにしましょう。

2. E

➡ P206

継承に関する問題です。
継承のイメージは、たとえばAクラスを継承したBクラスを定義したとき、次の図のようにAの土台の上に**拡張部分（差分）**を載せて、両方合わせてBとするというものです。そのため、Bのインスタンスは、Aの特徴とBの差分の両方を持っています。

【継承のイメージ】

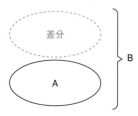

次の2つの図[1]のように継承の関係があったとき、SubClassクラスはmethodSubメソッドだけでなく、SuperClassクラスに定義されているmethodSuperメソッドも持っていることになります。

※1 UMLについては、325ページの「UMLの読み方について」を参照してください。

【継承関係にあるSubClassとSuperClass】

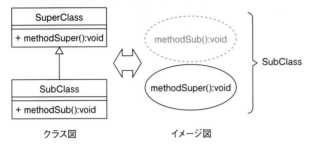

クラス図　　　　　　　　イメージ図

設問は、4つのクラスがどのように継承しているかという関係から解答を導きます。各クラスの関係をクラス図※1に置き換えると、次のようになります。

【設問の各クラスの関係（クラス図）】

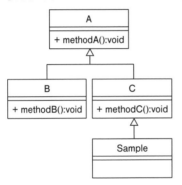

このクラス図からわかるとおり、SampleクラスはAとCの特徴を引き継いでおり、Bとは無関係です。次のイメージ図のとおり、Sampleのインスタンスが、methodAメソッドとmethodCメソッドの2つを持っていることがわかります。

【設問の各クラスの関係（イメージ）】

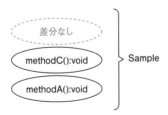

以上のことから、選択肢Eが正解です。

3. C

➡ P207

継承に関する問題です。
解答2で説明したように、スーパークラスの定義の上にサブクラスとしての差分を載せたものが、サブクラスのインスタンスです（以下の図を参照）。

【サブクラスのインスタンスのイメージ】

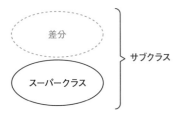

しかし、サブクラスの中にスーパークラスの定義が含まれているわけではありません。たとえば、次のようなAを継承したBというクラスがあるとき、Bのクラスファイルの内容を確認しても、Aクラスのsampleメソッドは存在しません。

例 スーパークラスのA

```java
public class A {
    public void sample(){
        System.out.println("sample");
    }
}
```

例 サブクラスのB

```java
public class B extends A {
    // no code
}
```

コンパイル後のクラスファイルがどのようになっているかを確認するには、次のようにjavapコマンドを使います。このjavapコマンドは、バイナリ形式で記述されているクラスファイルを人間が読める形に整形してくれるJDKの標準ツールです。

例 javapコマンドによるクラスファイルの確認

```
1.  > javap -c B
2.  Compiled from "B.java"
3.  public class B extends A {
4.  public B();
5.   Code:
6.    0:  aload_0
7.    1:  invokespecial   #1; //Method A."<init>":()V
8.    4:  return
9.
10. }
```

4行目から8行目までは、デフォルトコンストラクタの定義です。Bクラスには、このデフォルトコンストラクタ以外の定義がありません。その代わりに、Aクラスをextendsしている定義は3行目に残っています。このことから、前述の図のようにスーパークラスの土台の上に差分を載せたものがサブクラスのインスタンスではないことがわかります。正確な継承のイメージは、次の図のように「サブクラスにはどのスーパークラスを継承するかという指示だけ」が記述されていることになります。

【より正確な継承のイメージ】

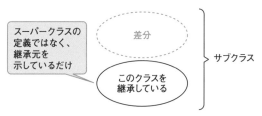

これは、サブクラスのインスタンスを作るだけではスーパークラスから引き継いだフィールドやメソッドの定義が足りないことを意味します。そのためJavaでは、サブクラスのインスタンスを作るときに、スーパークラスのインスタンスも同時に作られます。つまり、スーパークラスのインスタンスとサブクラスに定義した差分のインスタンスの2つで1つのインスタンスを表します。たとえば、Aを継承したBのインスタンスは、次のように表現できます。

【Aを継承したBのインスタンスのイメージ】

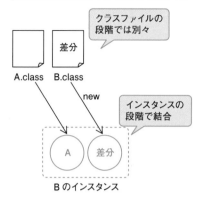

本書では、便宜的にAのクラスファイルから作られた実体を「Aのインスタンス」、またBのクラスファイルから作られた実体を「差分のインスタンス」、両方あわせて「Bのインスタンス」と呼びます。上記の図のように、AのインスタンスもBのインスタンスも、クラスファイルの定義に基づいて作られていることに注意してください。

サブクラスのインスタンスを作る場合、スーパークラスとサブクラスの両方のインスタンスが作られ、それらが結合されて1つのインスタンスになります。そのため設問の場合には、次の図のように、SuperClassクラスのインスタンスにも、差分のインスタンスにもそれぞれnumフィールドが存在することになります。

【設問のインスタンスのイメージ】

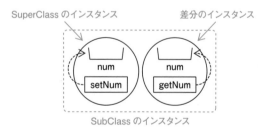

また、SuperClassクラスのインスタンスと差分のインスタンスが持っているsetNumやgetNumといったメソッドは、それぞれが別々に持っているnumフィールドにデータを入れたり、取り出したりしています。そのため、setNumメソッドで値をセットしても、取り出すときに見に行くnumフィールドの値はデフォルト値（int型なので0）のままです。

【設問のインスタンスのイメージ】

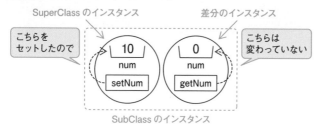

以上のことから、選択肢**C**が正解となります。

なお、すべてのクラスは暗黙的にjava.lang.Objectクラスを継承していますが、解説をわかりやすくするため、本書では割愛しています。本来であれば、サブクラスのインスタンスを作ると、少なくとも差分のインスタンス、スーパークラスのインスタンス、そしてjava.lang.Objectクラスのインスタンスの3つが作られます。

4. B、C

➡ P208

継承に関する問題です。
継承を使えば、スーパークラスに定義したフィールドやメソッドをサブクラスは引き継ぎます。ただし、サブクラスはスーパークラスの定義のすべてを引き継ぐわけではありません。サブクラスのインスタンスが、スーパークラスから引き継げないものは次の2つです。

・ コンストラクタ
・ privateなフィールドやメソッド

コンストラクタはサブクラスに引き継がれることはありません。解答3で説明したように、サブクラスをインスタンス化した場合、スーパークラスのインスタンスも同時に作られます。このとき、スーパークラスのコンストラクタはスーパークラスのインスタンスの準備をし、サブクラスのコンストラクタは差分のインスタンスの準備をします。コンストラクタは、そのコンストラクタが定義されているクラスのインスタンスを準備するためのメソッドなのです（選択肢**C**）。

アクセス修飾子**private**は、同じクラスからのみアクセスを許可するアクセス修飾子です。前述のとおり、スーパークラスのインスタンスと差分のインスタンスはそれぞれ作られます。そのため、サブクラスであってもアクセスはできません（選択肢**B**）。

publicなメソッドは、サブクラスがオーバーライドしない限り引き継がれます（選択肢A）。finalなフィールドは定数であり、値が変更できないだけで、サブクラスのインスタンスは引き継ぎます（選択肢D）。

試験対策

privateで修飾されたフィールドやメソッド、コンストラクタはサブクラスに引き継がれません。
一方、publicで修飾されたメソッドは、サブクラスがオーバーライドしなければ引き継がれます。また、finalなフィールドは、値の変更はできませんがサブクラスに引き継がれます。

5. C

➡ P208

継承をしたときのコンストラクタの実行順に関する問題です。
解答4で説明したとおり、コンストラクタは、スーパークラスのインスタンスと差分のインスタンスの両方がそれぞれを準備するために持っています。コンストラクタは、そのコンストラクタが定義されているクラスのインスタンスを準備するためのメソッドであることを忘れてはいけません。そのため、サブクラスのインスタンスを作ったときには、必ず両方のコンストラクタが実行されます。

【継承関係にあるインスタンスのコンストラクタ】

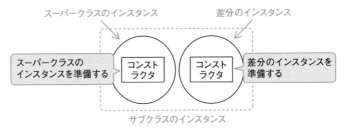

選択肢AとBは、スーパークラスのコンストラクタか、差分のインスタンスのコンストラクタのどちらか一方が実行されたときの結果です。コンストラクタはすべてのインスタンスで実行されるため、これらの選択肢は誤りです。

コンストラクタの実行順は、スーパークラスから先に実行されます。しかし、Mainクラスの3行目で指定しているように、インスタンス生成時に呼び出しているのはサブクラスのコンストラクタです。

実際のコンストラクタの呼び出しと実行は、次の順番で行われます。

① サブクラスのコンストラクタ呼び出し
② スーパークラスのコンストラクタ呼び出し
③ スーパークラスのコンストラクタの実行
④ サブクラスのコンストラクタの実行

この実行順を実現するために、コンパイル時にサブクラスのコンストラクタの1行目には、次のように**スーパークラスのコンストラクタ呼び出し**が追加されます（次のコード例の3行目）。

例 コンパイル時のサブクラスのコンストラクタ

```
1.  public class B extends A {
2.      public B() {
3.          super();        ← コンパイル時に追加
4.          System.out.println("B");
5.      }
6.  }
```

この仕組みがあるために、サブクラスのコンストラクタを呼び出しているにもかかわらず、処理はスーパークラスから実行されるのです。以上のことから、選択肢**C**が正解です。

なお、このようにサブクラスのコンストラクタからスーパークラスのコンストラクタを呼び出しながら各インスタンスを準備する仕組みを「**コンストラクタチェーン**」と呼びます。

試験対策　サブクラスのコンパイル時には、サブクラスのコンストラクタの1行目に「super();」が追加されます。

6. A　　　　　　　　　　　　　　　　　　　　➡ P209

デフォルトコンストラクタとコンストラクタチェーンについての問題です。解答5で説明したとおり、サブクラスのコンストラクタでは、スーパークラスのコンストラクタを呼び出します。これを「**コンストラクタチェーン**」と呼びますが、この仕組みは、コンパイラによって自動的に追加される**デフォルトコンストラクタ**でも同様です。たとえば、設問のSubClassクラスにはコンストラクタの定義がありません。そのため、次のようなデフォルトコンストラクタがコンパイル時に自動的に追加されます。

例 SubClassへのデフォルトコンストラクタの追加

```
1.  public class SubClass extends SuperClass {
2.      public SubClass() {
3.          super();
4.      }
5.      public void test() {
6.          System.out.println("test");
7.      }
8.  }
```

3〜4行目（super();を含む範囲）について：追加されたデフォルトコンストラクタ

デフォルトコンストラクタはコンストラクタチェーンを実現するために、コード例のようにスーパークラスのコンストラクタを呼び出します。このときに呼び出されるのは、コード例のような「引数なしスーパークラスのコンストラクタ」です。

しかし、設問のSubClassクラスのスーパークラスであるSuperClassクラスには、引数なしのコンストラクタはありません。しかも、引数ありのコンストラクタを明示的に定義しているため、デフォルトコンストラクタは追加されません。よって、前述のコード例の3行目でコンパイルエラーが発生します。以上のことから、選択肢**A**が正解です。

SubClassクラスがコンパイルエラーを起こさないようにするためには、明示的にスーパークラスのコンストラクタを呼び出すコンストラクタを定義します。次のコードは、スーパークラスのインスタンスを初期化するための引数を受け取るコンストラクタを定義した例です。

例 修正したSubClass

```
1.  public class SubClass extends SuperClass {
2.      public SubClass(String val) {
3.          super(val);
4.      }
5.      public void test() {
6.          System.out.println("test");
7.      }
8.  }
```

コンストラクタチェーンの定義に関する問題です。

コンストラクタは、インスタンスの準備をするためのメソッドです。そのため、コンストラクタも通常のメソッドと同様にオーバーロードできます。設問のSuperClassクラス、SubClassクラスともにコンストラクタをオーバーロードし、2つずつ定義しています。

通常のメソッドが、ほかのメソッドを呼び出せるのと同様に、コンストラクタもほかのコンストラクタを呼び出せます。**同じクラスに定義している別のコンストラクタを呼び出す**には、次のように**this()**を使います。このコードでは、3行目でthis()を使って5行目から始まる引数ありのコンストラクタを呼び出しています。

例 this()によるコンストラクタの呼び出し

```
1.  public class Sample {
2.      public Sample() {
3.          this("Sample");
4.      }
5.      public Sample(String val) {
6.          System.out.println(val);
7.      }
8.  }
```

また、同じクラスだけでなく、スーパークラスのコンストラクタも呼び出せます。**スーパークラスのコンストラクタ呼び出し**は、解答5、6で説明したとおり、**super()**を使います。たとえば、Aクラスを継承したBクラスのコンストラクタで、スーパークラスのコンストラクタを呼び出すには次のようにします。

例 スーパークラスのA

```
public class A {
    public A(String val) {
        System.out.println(val);
    }
}
```

※次ページに続く

サブクラスBからスーパークラスのコンストラクタを呼び出す

```
public class B extends A {
    public B(String val) {
        super(val);
    }
}
```

以上のとおり、選択肢AやDのようにコンストラクタ名による呼び出しはコンパイルエラーになるので誤りです。ほかのコンストラクタを呼び出すには、this()もしくはsuper()を使うことに注意しましょう。

解答5で説明したとおり、サブクラスのコンストラクタを実行する前に、スーパークラスのコンストラクタが実行されます。設問のSubClassクラスのコンストラクタでは、明示的にスーパークラスのコンストラクタを呼び出していません。選択肢のうち、スーパークラスのコンストラクタを呼び出しているのは選択肢Cです。もし、選択肢Cのように引数ありのコンストラクタ呼び出しを記述すると、SubClassクラスの定義は次のようになります。

例 引数ありのコンストラクタを呼び出し

```
1.  public class SubClass extends SuperClass {
2.      public SubClass() {
3.          super("B");
4.      }
5.      public SubClass(String val) {
6.          System.out.println(val);
7.      }
8.  }
```

これでは、スーパークラスの引数ありのコンストラクタでBがコンソールに表示されるだけで、実行結果のようにA、Bが順に表示されません。そこで、次のように引数なしのコンストラクタも同時に実行できればよいのですが、スーパークラスのコンストラクタ呼び出しは1回しかできません。そのため、次のコードは4行目でコンパイルエラーが発生します。

例 スーパークラスのコンストラクタを2回呼び出し

```
1.  public class SubClass extends SuperClass {
2.      public SubClass() {
3.          super();
4.          super("B");
5.      }
6.      public SubClass(String val) {
7.          System.out.println(val);
8.      }
9.  }
```

選択肢Bのように同じクラスのコンストラクタ呼び出しを記述すると次のようなコードになります。

例 同じクラスのコンストラクタを呼び出し

```
1.  public class SubClass extends SuperClass {
2.      public SubClass() {
3.          this("B");
4.      }
5.      public SubClass(String val) {
6.          System.out.println(val);
7.      }
8.  }
```

サブクラスのインスタンスを作るには、必ず先にスーパークラスの準備が終わらなければいけません。そのため、2つあるSubClassクラスのコンストラクタのどちらかで、スーパークラスのコンストラクタを呼び出すことになりますが、コンストラクタの実行に際しては次の2つのルールがあります。

・ スーパークラスのコンストラクタは、サブクラスのコンストラクタが実行されるより前に実行されなければいけない（別のコンストラクタ呼び出しは処理に含まれない）
・ コンストラクタ呼び出しは、常にブロックの先頭行になければいけないため、this()とsuper()を1つのコンストラクタ内で同時に実行することはできない

SubClassクラスの引数なしのコンストラクタでは、this()を使って別のコンストラクタを呼び出しているため、ここにスーパークラスのコンストラクタ呼び出しを追加することは2番目のルールに違反します。そのため、コンパイ

ラは次のように引数ありのコンストラクタのほうに、引数なしのスーパークラスのコンストラクタ呼び出しを追加します。

例 引数ありのコンストラクタにsuper();を追加

```
1.  public class SubClass extends SuperClass {
2.      public SubClass() {
3.          this("B");
4.      }
5.      public SubClass(String val) {
6.          super();
7.          System.out.println(val);
8.      }
9.  }
```

SubClassクラスのインスタンス化の流れをまとめると、次のようになります。

① SubClassクラスの引数なしのコンストラクタ呼び出し
② SubClassクラスの引数ありのコンストラクタ呼び出し
③ SuperClassクラスの引数なしのコンストラクタ呼び出し
④ SuperClassクラスの引数なしのコンストラクタを実行し、コンソールにA
　が表示される
⑤ SubClassクラスの引数ありのコンストラクタを実行し、コンソールにBが
　表示される

以上のことから、選択肢**B**が正解です。

試験対策

> 同じクラスのコンストラクタはthis()、スーパークラスのコンストラクタ
> はsuper()で呼び出します。
> this()とsuper()を同一コンストラクタ内に記述するとコンパイルエラーに
> なります。また、スーパークラスのコンストラクタ呼び出しはコンスト
> ラクタ内で1回しかできません。

8. E ➡ P211

コンストラクタ呼び出しの順番に関する問題です。
解答7で説明したとおり、this()やsuper()を使えば、ほかのコンストラクタを
呼び出すことができます。コンストラクタ内でほかのコンストラクタを呼び
出すコードは、必ずコンストラクタブロックの**先頭行**になければいけません。
しかし、設問のBクラスのコンストラクタでは、3行目と4行目でそれぞれスー

パークラスのコンストラクタと、同じクラスに定義されている別のコンストラクタを呼び出しています。そのため、設問のコードではコンパイルエラーが発生します。したがって、選択肢**E**が正解です。

9.　D

➡ P211

オーバーライドに関する問題です。
オーバーライドとは、スーパークラスに定義したメソッドをサブクラスで「再定義」することです（選択肢**D**）。「多重定義」を表すオーバーロードと間違えやすいので注意しましょう。

オーバーライド（override）は、メソッドの定義を上書き（overwrite）するわけではありません。スーパークラスの定義に加えて、**サブクラスに新しい定義を追加**することです。そのため、サブクラスのインスタンスには、オーバーライドされたメソッドと、オーバーライドしたメソッドの両方が含まれることになります。たとえば、スーパークラスにあるmethodメソッドをサブクラスがオーバーライドした場合には、次の図のようにサブクラスのインスタンスには、2つのmethodメソッドが存在します。

【オーバーライドのイメージ】

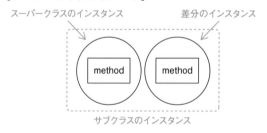

このように1つのインスタンス内に複数の同じメソッドが存在すると、JVMはどちらを実行してよいか判断できません。そこで、一般的なJVMの実装[2]では、メソッド・ディスパッチ・テーブルを使ってこの問題を解決しています。

メソッド・ディスパッチ・テーブルは、インスタンスが持つメソッドが呼び出されたときに、実際にはどのメソッドを実行するかを定義したテーブルです。たとえば前述の例であれば、methodメソッドが呼び出されたら、差分インスタンスが持つmethodメソッドを実行するとインスタンス生成時に決めて

---

[2]　JVMはJDKに含まれるもの以外にも、さまざまな実装が存在します。利用するJVMは、開発プロジェクトの性能要件などに合わせて自由に選択します。複数の種類が存在してもJVMの仕様が定められているため、どれを使っても同じように動作します。

おきます。JVMは、メソッドが呼び出されるたびに、このテーブルを確認して、実行するメソッドを決定するため、差分のインスタンスが持つmethodメソッドが呼び出されます。

【メソッド・ディスパッチ・テーブル】

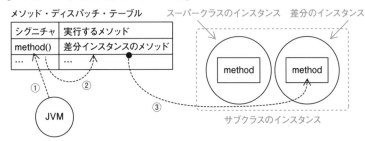

このテーブルはインスタンス生成時に作られ、JVMが管理します。あるクラスのインスタンスを生成したとき、そのクラスでメソッドをオーバーライドしていた場合、JVMはメソッド・ディスパッチ・テーブルの「実行するメソッド」をオーバーライドしたメソッドにします。そのため、メソッドを呼び出すと、スーパークラスに定義したメソッドではなく、サブクラスでオーバーライドしたメソッドが実行されます。

カプセル化は、関係するデータとそのデータを必要とするメソッドを1つのクラスとしてまとめることです。メソッドの再定義とは関係ありません（選択肢A）。詳細は、第5章の解答1を参照してください。

ポリモーフィズムは、抽象化を実現したものです。ポリモーフィズムはオーバーライドによって実現されますが、メソッドの再定義そのものではありません（選択肢B）。詳細は、第5章の解答6〜9を参照してください。

オーバーロードは、同じ名前で引数の種類や数、順番が異なるメソッドを複数定義することです。オーバーロードは「多重定義」と呼ばれます（選択肢C）。詳細は、第6章の解答8を参照してください。

 試験対策 オーバーライドは、スーパークラスに定義したメソッドをサブクラスで「再定義」することです。オーバーロードとの違いを押さえておきましょう。

メソッドをオーバーライドする条件についての問題です。**オーバーライドが成り立つ条件**は、次の3点です（選択肢**A**）。

· メソッドの**シグニチャ**がスーパークラスのものと同じであること
· **戻り値の型**がスーパークラスのメソッドと同じか、サブクラスであること
· メソッドの**アクセス制御**がスーパークラスと同じか、それよりも緩いこと

メソッドのシグニチャが異なれば、それはオーバーロードとして見なされます。設問のhelloメソッドは引数を受け取りませんが、選択肢CはString型の引数を受け取ります。このようにシグニチャが異なるメソッド定義はオーバーロードです。よって、選択肢Cは誤りです。

オーバーライドは、メソッドのシグニチャが一致しているだけでなく、戻り値の型も一致していなければいけません。設問のAクラスのhelloメソッドは戻り値を戻しません。そのため、String型を戻すとした選択肢Bは誤りです。

なお、スーパークラスのメソッドで定義している戻り値型のサブクラスも戻り値型として指定できます。このように、戻り値にサブクラスの型を指定できる機能のことを「**共変戻り値**」と呼びます。たとえば、Aを継承したBというクラスがあるとき、A型を戻す次のメソッドがあったとします。

例 共変戻り値（Bクラスで定義されているメソッド）

```
public A sample(){
    // any code
}
```

これをオーバーライドしたメソッドでは、次のようにB型を戻すことができます。

例 共変戻り値（オーバーライドしたメソッド）

```
public B sample(){
    // any code
}
```

オーバーライドの3つ目の条件は、アクセス修飾子に関するものです。ポリモーフィズムを使うために、サブクラスはスーパークラスと同じことができなくてはいけません。もし、スーパークラスのpublicなメソッドをサブクラ

スでprivateで修飾してオーバーライドできてしまったら、オーバーライドしたメソッドはほかのクラスから呼び出せなくなり、サブクラスのインスタンスをスーパークラス型で扱うことができません。そのため、オーバーライドしたメソッドのアクセス修飾子は、スーパークラスと同じか、それよりも緩いものでなくてはいけません。

設問のhelloメソッドのアクセス修飾子はprotectedです。これよりも緩いのはpublicだけです。オーバーライドするメソッドのアクセス修飾子は、publicかprotectedでなくてはいけません。したがって、選択肢Dは誤りです。

試験対策 オーバーライドが成り立つ条件をしっかりと押さえておきましょう。

11. A → P212

オーバーライドしたときの例外に関する問題です。
オーバーライドしているメソッドのthrows節に関しては、次のようなルールがあります。

- オーバーライドしているメソッドは**throws節を持たなくてもよい**
- もし、持つのであれば、オーバーライドしているメソッドに列挙されている例外の型が、スーパークラスのメソッドに列挙されている例外と**同じ型かそのサブタイプ**であること

たとえば、次のようなクラスがあったとき、このクラスのサブクラスでhelloメソッドをオーバーライドした例でルールを確認してみましょう。

例 スーパークラスのメソッド定義

```
import java.io.FileNotFoundException;
import java.io.IOException;

public class A {
  public void hello() throws FileNotFoundException, IOException {
      // any code
  }
}
```

1つ目のルールは、「オーバーライドしたメソッドでは、例外をスローする必要はない」というものです。そのため、次のようにthrows節を省略しても問題はありません。サブクラスがオーバーライドしているメソッドで例外を発生させなくても、「例外が発生しない」だけです。例外が発生しないのであれば、プログラムの実行にはむしろ好ましいといえます。よって、選択肢Bは正しいオーバーライドの例です。

例 例外のスローを省略した場合

```java
public class B extends A {
    public void hello() {
        // any code
    }
}
```

これを少し変形させれば、throws節で複数の例外を宣言していた場合、そのうちの一部分だけをthrows節に残すことも可能になります。発生する例外の数が減ることは、例外が発生しない場合と同様に、プログラムの実行に好ましいからです。次のコードは、FileNotFoundExceptionとIOExceptionの両方をthrows節で宣言したメソッドをオーバーライドし、FileNotFoundExceptionのみをthrows節で宣言した例です。

例 複数の例外のうち、一部をスローするよう宣言した場合

```java
public class B extends A {
    public void hello() throws FileNotFoundException {
        // any code
    }
}
```

以上のことから、選択肢Dも正しいオーバーライドの例です。

2つ目のルールは、「同じ型かそのサブタイプであればよい」というものです。前述のAクラスのhelloメソッドでは、FileNotFoundExceptionとIOExceptionの2つの例外をthrows節に宣言していました。次のコードは、IOExceptionのサブクラスであるUnsupportedEncodingExceptionをthrows節に宣言している例です。

※次ページに続く

例 サブクラスの例外をスローするよう宣言した場合

```
import java.io.UnsupportedEncodingException;
public class B extends A {
    public void hello() throws UnsupportedEncodingException {
        // any code
    }
}
```

このようにサブタイプが宣言に利用できるのは、ポリモーフィズムのおかげです。ポリモーフィズムを使えば、UnsupportedEncodingExceptionは、IOExceptionで扱うことができるからです。選択肢CのNullPointerExceptionは、RuntimeExceptionのサブクラスであるため、正しいオーバーライドの例です。

選択肢Aでthrows節に宣言しているExceptionは、RuntimeExceptionなどすべての例外クラスのスーパークラスです。したがって、2つ目のルールに反します。誤っているものを選ぶ問題なので、選択肢Aが正解です。

12. C → P213

オーバーライドしたスーパークラスのメソッド呼び出しに関する問題です。オーバーライドはスーパークラスのメソッドを再定義するものですが、メソッドを完全に置き換えるのではなく、スーパークラスのメソッドに処理を追加したいだけのときもあります。そのようなときには、**super**を使ってスーパークラスのインスタンスを参照し、スーパークラスのインスタンスが持つメソッドを呼び出すことができます。

thisがそのコードを持つインスタンスそのものを表す参照であるのと同じように、superもそのコードを持つクラスのスーパークラスのインスタンスへの参照を表します。そのため、「**super.メソッド名**」や「**super.フィールド名**」という形式でスーパークラスのインスタンスのメソッドやフィールドにアクセスできます。スーパークラスのメソッドをオーバーライドし、処理を追加したい場合には、次のようにsuperを使います。

例 スーパークラスのメソッドをオーバーライドする

```
public void method() {
    // 事前に追加したい処理
    super.method();
    // 事後に追加したい処理
}
```

以上のことから、選択肢**C**が正解です。

選択肢AとBは同じ意味です。SubClassクラスのsampleメソッド内で同じsampleメソッドを呼び出すため、永遠に同じsampleメソッドを呼び出し続けます。このように同じメソッドを永遠に呼び出すようなコードは、次のように実行時にStackOverflowErrorが発生します。よって、選択肢AとBは誤りです。

例 選択肢AとBの実行結果

```
Exception in thread "main" java.lang.StackOverflowError
    at SubClass.sample(SubClass.java:5)
    at SubClass.sample(SubClass.java:5)
    at SubClass.sample(SubClass.java:5)
    at SubClass.sample(SubClass.java:5)
    at SubClass.sample(SubClass.java:5)
(以下省略)
```

また、選択肢Dは「**クラス名.メソッド名**」という形式で記述しているため、staticなメソッド呼び出しの構文になっています。しかし、SuperClassクラスのsampleメソッドはインスタンスメソッドです。そのため、この構文で呼び出すことはできません。よって、選択肢Dも誤りです。

13. B、C、E → P214

インタフェースに定義する定数フィールドに関する問題です。
第5章の解答11で説明したとおり、**インタフェース**は情報隠蔽を実現する方法として使用します。**情報隠蔽**は、抽象化を維持する目的で、ソフトウェアのモジュールのうち、公開する部分と非公開にする部分を明確に分け、非公開にする部分を隠蔽（アクセス制御）します。インタフェースは、**公開する部分**を担います。

公開する部分は、型の情報です。型はモジュールの扱い方を表しており、実際に動作するインスタンスをどのように扱いたいのかを指定するために使います。インタフェースは、この「型」だけを表現したものです。

インタフェースは型を定義するものであるため、**インスタンス化できません**。また、インタフェースはインスタンスフィールドを持てません。インタフェースに定義できるのは、**定数フィールドのみ**です。定数フィールドとは、**static**と**final**で修飾されたフィールドのことで、staticであるためインスタンスを必要としません。そのため、型情報しか持たないインタフェースにも定義できます。

なお、インタフェースに定義するフィールドは、コンパイラによって暗黙的に**public**、**static**、**final**で修飾されます。publicで修飾されるのは、インタフェースは前述のとおり「公開するためのもの」だからです。以上のことから、選択肢**B**、**C**、**E**が正解です。

protectedは「公開する型情報」であるインタフェースの目的に合致しないため、使えません（選択肢A）。abstractはクラスやメソッドを修飾するための修飾子です（選択肢D）。nativeやsynchronizedは実装に関わる修飾子です。よって、インタフェースでは使えません（選択肢F、G）。

14. C、D　　　　　　　　　　　　　　　　　　　➡ P214

インタフェースに定義する抽象メソッドに関する問題です。
第5章の解答12と解答13で説明したように、インタフェースは本来、型を定義するもので、実装は含まれません。インタフェースに定義できるのは、**定数フィールド**と**抽象メソッド**の2つです[3]。解答13で解説したように、定数フィールドはstatic finalなフィールドで、インスタンスを作る必要がなく、かつ値を変更できないフィールドです。抽象メソッドは、メソッドの宣言だけで、具体的な処理内容を持ちません。

メソッドの宣言とは、メソッド名、引数、戻り値型だけを定めたものです。インタフェースに定義する抽象メソッドは、次のように定義します。

例 抽象メソッドの定義

```
public interface Sample {
    void hello(String val); //抽象メソッド
}
                        ↑ セミコロンで終わる
```

メソッドの宣言は、必ず**セミコロン**「 ; 」で終わらなければいけません。メソッドの宣言で中カッコ「{ }」を記述すると、抽象メソッドではなく、具体的な処理を持つ**具象メソッド**としてコンパイラに解釈されます。

情報隠蔽のうち公開部分をインタフェースとして定めるため、そのメソッドは**public**でなければいけません。また、具体的な処理を持たないメソッドは、具体的な処理を持つメソッドと区別するためにも**abstract**で修飾しなければいけません。そのため、インタフェースに定義した抽象メソッドは、コンパイラによって暗黙的に**public abstract**で修飾されます。

---

[3] Java 8以降は、インタフェースにデフォルトメソッドやstaticメソッドが定義できるようになりましたが、これらはJava SE Bronze試験の出題範囲外ですので、本書では説明を割愛します。

以上のことから、選択肢**C**と**D**が正解です。

protectedは「公開する型情報」であるインタフェースの目的に合致しないため、使えません（選択肢A）。finalで修飾するとオーバーライドできないメソッドになってしまい、インタフェースを実現したクラスがそのメソッドの処理内容を定義できなくなってしまいます（選択肢B）。nativeやsynchronizedは実装に関わる修飾子です。よって、インタフェースでは使えません（選択肢E、F）。

15.　B、D、E

➡ P214

インタフェースの特徴に関する問題です。

インタフェースは、クラスが実現すべきメソッドの一覧を定めたものです。インタフェースは、クラスの仕様や規約、ルールに相当するもので、具体的な処理内容については定義しません。そのため、インタフェースには**具象メソッド**は定義できません（選択肢F）。インタフェースに定義できるのは、メソッド宣言だけの**抽象メソッド**です[※3]（選択肢**E**）。

インタフェースに規定している抽象メソッドの具体的な処理は、それを実現した**クラス**に記述します。インタフェースを実現するには、クラスの宣言時に**implements**を使います。次の例では、Sampleインタフェースを実現したSampleImplクラスを定義しています。

例 インタフェースの定義

```
public interface Sample {
    void sample();
}
```

例 インタフェースを実現したクラスの定義

```
public class SampleImpl implements Sample {
    public void sample() {
        // any code
    }
}
```

クラスは、一度に**複数のインタフェースを実現**できます（選択肢A、**D**）。複数のインタフェースを実現するには、implementsの後ろにインタフェースの名前を**カンマ区切り**で列挙します。次の例では、SampleインタフェースとTestインタフェースの2つを実現したSampleImplクラスを定義しています。

※次ページに続く

インタフェースを多重実現したクラスの定義

```
public class SampleImpl implements Sample, Test {
    public void sample() {
        // any code
    }
    public void test() {
        // any code
    }
}
```

インタフェースは、既存のインタフェースを継承して定義できます（選択肢**B**）。インタフェースの継承は、クラスの継承と同様に**extends**キーワードを使って宣言します。次の例では、インタフェースAを継承したインタフェースBを定義しています。

例 インタフェースAの定義

```
public interface A {
    void sample();
}
```

例 インタフェースの継承

```
public interface B extends A {
    void test();
}
```

インタフェース間の継承は、あるルールを引き継いだ（拡張した）新しいルールを規定することに相当します。そのため、インタフェースBを実現したクラスは、sampleメソッドとtestメソッドの両方を実装しなければいけません。

なお、インタフェースは、複数のインタフェースを一度に継承できます（選択肢C）。複数のものを一度に継承することを「**多重継承**」と呼びます。多重継承は、インタフェースを継承するときだけ認められており、クラスの継承では認められていないことに注意しましょう。

複数のインタフェースを多重継承した新しいインタフェースは、その宣言時にextendsに続いてインタフェースをカンマ区切りで列挙して定義します。次のコードは、インタフェースAとA2を継承した新しいインタフェースBを定義した例です。

例 インタフェースの多重継承

```
public interface B extends A, A2 {
    // any code
}
```

試験対策　implementsは、インタフェースを実現するクラスを宣言するときに使うキーワードです。

試験対策　クラスとインタフェースの実現・継承に関して、以下の点を押さえておきましょう。クラスとインタフェースで多重継承のルールが異なる点は特に重要です。
・クラスは複数のインタフェースを実現できる
・インタフェースは複数のインタフェースを継承できる
・クラスは複数のクラスを継承できない

第7章

継承とポリモーフィズム（解答）

16.　B、C

⇒ P214

抽象クラスに関する問題です。

抽象クラスは、クラスとインタフェース両方の性質を持ったクラスです。抽象クラスと区別するために、普通のクラスのことを「**具象クラス**」と呼びます。また、インタフェースに定義するメソッドを「**抽象メソッド**」と呼ぶのに対して、具象クラスに定義するメソッドを「**具象メソッド**」と呼びます。抽象メソッドと具象メソッドの違いは、具体的な処理内容を持つかどうかです。クラスとインタフェース両方の性質を持った抽象クラスは、どちらのメソッドも定義できます（選択肢A、**B**）。

インタフェースや抽象クラスに定義した抽象メソッドは、それぞれを実現あるいは継承した具象クラスが実装しなければいけません。ただし、このルールに従わなければいけないのは具象クラスだけです。インタフェースがインタフェースを継承したり、インタフェースを抽象クラスが実現したり、抽象クラスが抽象クラスを継承したりした場合には、このルールは適用されません。

たとえば、次のクラス図のような関係があったとき、インタフェースに定義されている抽象メソッドsampleを実装しなければいけないのは、インタフェースを実現している抽象クラスではなくそのサブクラスである具象クラスです（選択肢**C**）。

※次ページに続く

【具象クラスが抽象メソッドを実装する】

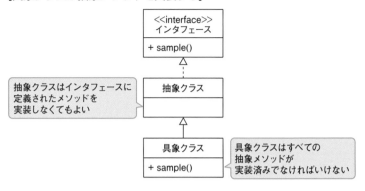

抽象メソッドは、どのような処理をするべきか未定義であるため、JVMはこのようなメソッドを持つクラスを実行することができません。そのため、抽象クラスはインスタンス化できません（選択肢D）。

インタフェースには抽象メソッドしか記述できないため、コンパイラによって自動的に修飾子が追加されます。しかし、抽象クラスには具象メソッドと抽象メソッドの両方を記述できるため、コンパイラは修飾子を追加できません（選択肢E）。そのため、抽象クラスに定義する抽象メソッドは、プログラマーが明示的に**abstract**で修飾しなければコンパイルエラーになります。

試験対策

抽象クラスの特徴を押さえておきましょう。
・抽象クラスは、クラスとインタフェース両方の性質を持つクラス
・抽象クラスはインスタンス化できない
・抽象クラスに定義したメソッドは、抽象クラスを継承する具象クラスが実装する
・抽象クラスに定義するメソッドは、abstractで修飾しないとコンパイルエラーになる

型の互換性に関する問題です。

インタフェースと実現関係にあるときや、クラスと継承関係にあるとき、ポリモーフィズムを使えばインスタンスをインタフェース型やスーパークラス型の変数で扱うことができます。

このように、あるクラス型の変数を実現関係や継承関係にある上位の型に変換することを「**アップキャスト**」と呼びます。反対に、実現関係や継承関係にある下位の型に変換することを「**ダウンキャスト**」と呼びます。アップキャストもダウンキャストも、実現関係や継承関係にあることが条件で、関係の型に変換することはできません。

【アップキャストとダウンキャスト】

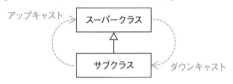

オブジェクト指向プログラミングでは、インタフェースや継承で抽象化を表現します。解答1で説明したように、継承とはスーパークラスの土台に差分を載せてサブクラスのインスタンスとするという概念であり、抽象化によって差分を無視すればインスタンスをスーパークラス型で扱うことができます。

【継承のイメージ】

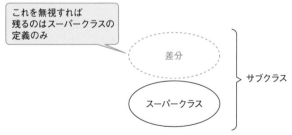

これを無視すれば
残るのはスーパークラスの
定義のみ

差分

サブクラス

スーパークラス

コンパイラは、ポリモーフィズムにより互換性のある型であるかどうかをコンパイル時に確認し、互換性があると判断すればアップキャストを自動的に行います。

一方、ダウンキャストは自動的には行われません。スーパークラスにはサブクラスとしての差分の定義がないためです。たとえサブクラスのインスタン

第7章

継承とポリモーフィズム（解答）

245

スをアップキャストしていて、それを元のサブクラス型に戻したとしてもコンパイルエラーになります。これは、コンパイラは「元の型が何であったか」ではなく、「今の型に互換性があるかどうか」だけを確認するからです。たとえば、次のように設問のコードを使ってB型の変数をA型にアップキャストしたあと、元のB型の変数にダウンキャストするとコンパイルエラーが発生します。

例 アップキャスト後にダウンキャストする

```
public class CastTest {
    public static void main(String[] args) {
        B b = new B();
        A a = b;        // アップキャスト
        b = a;          // ダウンキャスト
    }
}
```

例 実行結果

```
CastTest.java:5: 互換性のない型
検出値  : A
期待値  : B
        b = a;
            ^
エラー 1 個
```

しかし、実際に動作しているのはBのインスタンスであり、本来は変数の型を元のB型に戻しても問題はないはずです。そこで、このような場合には、プログラマーが**明示的にキャスト式**を記述することで、コンパイラに「互換性の問題はない」ことを保証します。

例 明示的なダウンキャスト

```
public class CastTest {
    public static void main(String[] args) {
        B b = new B();
        A a = b;        // アップキャスト
        b = (B) a;      // ダウンキャスト
    }
}
```

設問は、インタフェースAを実現したBクラスを定義し、さらにそのBクラスを継承したCクラスを定義しています。このとき、アップキャストやダウンキャストができる関係を図に表すと、次の図のようになります。

【設問のクラス間の関係】

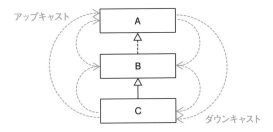

設問では、Mainクラスの3行目でBのインスタンスを作ってB型の変数で扱っています。その後4行目で、アップキャストしてA型で扱いますが、これは自動的に行われます。最後に5行目でダウンキャストしてA型で扱っていた変数を、C型の変数に変換しようとしています。このとき、設問のコードではキャスト式を記述しているため、プログラマーが明示的に「問題ない」と保証したことになります。よって、コンパイルエラーは発生しません。しかし、プログラムを実行すると、実際に動作しているのはB型のインスタンスであり、C型としての差分は持ちません。そのため、実行時に次のような例外がスローされます。

例 実行結果

```
>java Main
Exception in thread "main" java.lang.ClassCastException: B
cannot be cast to C
        at Main.main(Main.java:5)
```

以上のことから、選択肢Eが正解となります。

試験対策

継承関係や実現関係にある型同士は、キャストにより型変換が可能となります。上位の型に変換するアップキャストは、コンパイラによって自動的に行われます。

一方、下位の型に変換するダウンキャストは、プログラマーが明示的にキャスト式を記述し、型の互換性を保証する必要があります。キャスト式を記述すればコンパイルは成功しますが、実際に動作するインスタンスの型との互換性がなければ、実行時に例外がスローされます。

パッケージに関する問題です。
パッケージとは次の3つの機能を提供するものです。

- 名前空間を提供し、**名前の衝突を避ける**
- アクセス修飾子と組み合わせて**アクセス制御機能を提供する**
- **クラスの分類**を可能にする

大規模なソフトウェアが複数存在するエンタープライズシステムでは、数え切れないほどのクラスが存在します。このとき、単純なクラス名だけでは、ほかのシステムのクラスと名前が衝突してしまいます。このような事態を避けるために、コンパイラやJVMは、クラスを「パッケージ名＋クラス名」の**完全修飾クラス名**で扱います（選択肢**A**）。

このようにパッケージは名前の衝突を避けるために使うものなので、パッケージ名はできるだけ一意なものが推奨されます。そこで、慣習としてパッケージ名にはドメイン名を逆にしたものが利用されます。たとえばxxx.co.jpであれば、jp.co.xxxという具合です。もちろん、これはあくまでも慣習であって決まりではありません。ドメイン名以外のものも使用できます（選択肢B）。

第5章の解答11で説明したとおり、情報隠蔽の実現にはパッケージが欠かせません。パッケージがあるおかげで、公開するものと非公開にするものを明確に分け、アクセス制御が可能になります（選択肢**C**）。

パッケージは、ディレクトリ構造とマッピングされます。たとえば、jp.co.xxx.Sampleという完全修飾クラス名を持つクラスは、次のようなディレクトリに配置されます。

【パッケージ化されたクラスの配置】

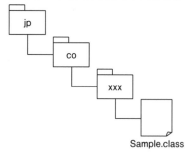

Sample.class

このようにパッケージとディレクトリ構造がマッピングされると、数多くの
クラスを分類整理することができ、ソフトウェアの管理が容易になります（選
択肢**D**）。

パッケージ宣言は、**ソースファイルの先頭行**で宣言しなければいけません。
パッケージ宣言よりも前に記述できるのはコメントだけです（選択肢E）。

```
package パッケージ名;
```

以上のことから、選択肢**A**、**C**、**D**が正解です。

なお、パッケージ宣言をしなかったクラスは無名パッケージに所属している
と見なされます。無名パッケージは学習用に用意されたものであり、実際の
開発では推奨されません。

継承とポリモーフィズム（解答）

19. A、B

パッケージのインポートに関する問題です。
解答18で説明したとおり、コンパイラやJVMはクラスを完全修飾クラス名で
しか扱えません。パッケージ宣言しなかった場合ですら、そのクラスはデフォ
ルトのパッケージ（無名パッケージ）に所属していると見なされます。その
ため、次のようにソースコードでも完全修飾クラス名でクラスを指定しなけ
ればいけません。

例 クラスを完全修飾クラス名で指定した場合

```
1. public class Main {
2.     public static void main(String[] args) {
3.         java.lang.String str = "100";
4.         int val = java.lang.Integer.parseInt(str);
5.         java.math.BigDecimal decimal = new java.math.BigDecimal(val);
6.         System.out.println(decimal.intValue());
7.     }
8. }
```

一見してわかるとおり、完全修飾クラス名でプログラムを記述すると、とて
も冗長で読みにくいコードになります。そこで、パッケージ名を省略し、ク
ラス名だけで記述できるようインポート宣言をします（次のコード1～3行目）。

例 インポート宣言をした場合

```
1.   import java.lang.String;
2.   import java.lang.Integer;
3.   import java.math.BigDecimal;
4.
5.   public class Main {
6.       public static void main(String[] args) {
7.           String str = "100";
8.           int val = Integer.parseInt(str);
9.           BigDecimal decimal = new BigDecimal(val);
10.          System.out.println(decimal.intValue());
11.      }
12.  }
```

このように、本来は完全修飾クラス名で記述しなければならないものを、省略表記できるようにするのが**インポート宣言**です。なお、ソースコードを完全修飾クラス名で記述するのであれば、インポート宣言は必要ありません（選択肢C）。

構文

import インポートするクラスの完全修飾クラス名;

java.langパッケージに所属するクラスは、インポート宣言する必要はありません。java.langパッケージは基本的なクラスがまとめられたパッケージであり、このパッケージに所属するクラスは頻繁に利用するため、省略することができます。また、**同じパッケージに属するクラス**も省略可能です（選択肢**A**、**B**）。

インポート宣言は、**パッケージ宣言の後ろ、クラス宣言の前**に行います。パッケージ宣言が先頭であることを忘れないようにしましょう（選択肢D）。

例 パッケージ宣言とインポート宣言をした場合（4行目以降は省略）

```
1.   package ex3;
2.
3.   import java.math.BigDecimal;
```

インポート宣言は、省略表記したいクラスの**完全修飾クラス名**を記述します。クラス名の部分は、アスタリスク「*」を使って「java.util.*」のように**ワイルドカード表記**が可能で、パッケージ名を省略することもできます（選択肢E）。

第 8 章

総仕上げ問題

■ 試験番号：1Z0-818

■ 試験時間：65分

■ 問題数：60問

■ 合格ライン：60%

1. 次のプログラムをコンパイル、実行したときの結果として、正しいものを選びなさい。(1つ選択)

```
1.  public class Main {
2.      public static void main(String[] args) {
3.          for(int i = 0; i < 5; i++) {
4.              for(i = 5; i < 10; i++) {
5.                  System.out.print(i);
6.              }
7.          }
8.      }
9.  }
```

A.   何も表示されない
B.   「56789」が1回表示される
C.   「56789」が5回表示される
D.   コンパイルエラーが発生する
E.   実行時に例外がスローされる

➡ P291

2. 次のプログラムをコンパイル、実行したときの結果として、正しいものを選びなさい。(1つ選択)

```
1.  public class Main {
2.      public static void main(String[] args) {
3.          int i = 5;
4.          System.out.println((i += 5) + ":" + (i--));
5.      }
6.  }
```

A.   「5:5」と表示される
B.   「5:4」と表示される
C.   「5:9」と表示される
D.   「10:10」と表示される
E.   「10:9」と表示される

➡ P291

3. 次のプログラムをコンパイル、実行したときの結果として、正しいもの
を選びなさい。(1つ選択)

```
1.  public class Train {
2.      static String name = "none";
3.
4.      public Train(String name) {
5.          this.name = name;
6.      }
7.
8.      public static void main(String[] args) {
9.          Train t1 = new Train();
10.         Train t2 = new Train("aline");
11.         System.out.print(t1.name + " " + t2.name);
12.     }
13. }
```

A.　「none aline」と表示される
B.　「null aline」と表示される
C.　「aline aline」と表示される
D.　コンパイルエラーが発生する
E.　実行時に例外がスローされる

4. ある企業は、GUIベースのアプリケーション開発を希望しており、将来
的な拡張として、Webベースのアプリケーションへの移行を予定して
いる。このアプリケーションを作成するには、どのJavaテクノロジを
使用するのがよいか。正しいものを選びなさい。(1つ選択)

A.　Java SE
B.　Java EE
C.　Java ME
D.　Java DB

5. 次のプログラムをコンパイル、実行したときの結果として、正しいもの
を選びなさい。(1つ選択)

```
1.  public interface Sample {
2.      void test();
3.  }
```

```
1.  public class A implements Sample {
2.      public void test() {
3.          System.out.println("A");
4.      }
5.  }
```

```
1.  public class B extends A {
2.      public void test() {
3.          System.out.println("B");
4.      }
5.  }
```

```
1.  public class Main {
2.      public static void main(String[] args) {
3.          Sample[] samples = {new A(), new B()};
4.          for (Sample s : samples) {
5.              s.test();
6.          }
7.      }
8.  }
```

A. 「A」「B」と表示される
B. 「B」「A」と表示される
C. 「A」「A」と表示される
D. 「B」「B」と表示される
E. Bクラスでコンパイルエラーが発生する
F. Mainクラスでコンパイルエラーが発生する

➡ P292

6. 次のSampleクラスを継承したサブクラスを定義するときに、サブクラスに定義したメソッドのうち、Sampleクラスのメソッドを正しくオーバーライドしているものを選びなさい。(2つ選択)

```
1.  public class Sample {
2.      void methodA(){}
3.      void methodB(int a){}
4.      int methodC(int a, int b) {
5.          return 0;
6.      }
7.      int methodD(int a) {
8.          return 0;
9.      }
10. }
```

A. public void methodA(){}
B. public void methodB(long a){}
C. public int methodC(char a, int b) {
       return 0;
   }
D. public int methodD(int i) {
       return 1;
   }

➡ P293

7. アクセス修飾子privateで修飾できる要素として、正しいものを選びなさい。(3つ選択)

A. クラスのコンストラクタ
B. クラスのフィールド
C. クラスの抽象メソッド
D. クラスの具象メソッド
E. インタフェースの抽象メソッド
F. クラス

➡ P294

8. 次のプログラムのコンパイルを成功させ、実行結果が「refresh L」となるようにしたい。6行目に挿入するコードとして、正しいものを選びなさい。（1つ選択）

```
1.  public class Photo {
2.      private String size;
3.      private String title;
4.
5.      Photo() {
6.          // insert code here
7.      }
8.      Photo(String title) {
9.          this.title = title;
10.     }
11.     void printInfo() {
12.         System.out.println(title + " " + size);
13.     }
14.
15.     public static void main(String[] args) {
16.         Photo p = new Photo();
17.         p.printInfo();
18.     }
19. }
```

A. this.size = "L";
    this("refresh");

B. Photo("refresh");
    this.size = "L";

C. this("refresh");
    this.size = "L";

D. this.size = "L";
    Photo("refresh");

E. this.Photo("refresh");
    this.size = "L";

➡ P295

9. クラスの宣言として有効なものを選びなさい。（3つ選択）

    A.   `public class Test extends java.lang.* { }`
    B.   `public class Test extends java.lang.Object { }`
    C.   `final class Test { }`
    D.   `public class Test { }`
    E.   `public class Test implements Object { }`

➡ P295

10. 次のプログラムをコンパイル、実行したときの結果として、正しいものを選びなさい。（1つ選択）

```
1.  public class Main {
2.     public static void main(String[] args) {
3.         int a = 12;
4.         int b = 8;
5.         if(a >= 10 || b >= 10) {
6.             a /= 2;
7.             b += a;
8.         } else
9.             a /= 2;
10.            b += a;
11.         System.out.println(a + ":" + b);
12.     }
13. }
```

    A.   「6:14」と表示される
    B.   「6:20」と表示される
    C.   「12:20」と表示される
    D.   コンパイルエラーが発生する

➡ P296

11. 次のプログラムの6行目に挿入するコードとして、正しいものを選びなさい。（1つ選択）

```
1.   public class Sample {
2.       private String name;
3.       private int price;
4.       public String TMP = "sample";
5.       public Sample() {
6.           // insert code here
7.       }
8.       public Sample(String name) {
9.           this.name = name;
10.      }
11.      public void print() {
12.          System.out.println(name + ":" + price);
13.      }
14.      public static void main(String[] args) {
15.          Sample s = new Sample();
16.          s.print();
17.      }
18.  }
```

A. ```
    this.price = 100;
    this("sample");
    ```

B.  ```
    this("sample");
    this.price = 100;
    ```

C. ```
    this(TMP);
    this.price = 100;
    ```

D.  ```
    this.price = 100;
    this(TMP);
    ```

E. ```
    Sample("sample");
    this.price = 100;
    ```

➡ P296
    ```

12. 次のプログラムをコンパイル、実行したときの結果として、正しいもの
を選びなさい。（1つ選択）

```
1.  public class Main {
2.      public static void main(String[] args) {
3.          for(int i = 0; ; i++) {
4.              int j = 0;
5.              while(j <= 3)
6.                  System.out.print(j++);
7.          }
8.      }
9.  }
```

A. 「123」が1回表示される
B. 「0123」が1回表示される
C. 「1234」が1回表示される
D. 「1234」が無限に表示される
E. 「0123」が無限に表示される
F. コンパイルエラーが発生する

➡ P299

13. 次のプログラムをコンパイル、実行したときの結果として、正しいもの
を選びなさい。（1つ選択）

```
1.  public class Main {
2.      public static void main(String[] args) {
3.          for(int i = 3; i < i++; i++) {
4.              System.out.print("a");
5.          }
6.      }
7.  }
```

A. 「a」と表示される
B. 「aa」と表示される
C. 何も表示されない
D. コンパイルエラーが発生する
E. 実行時に例外がスローされる

➡ P299

14. 次のプログラムをコンパイル、実行したときの結果として、正しいもの
を選びなさい。（1つ選択）

```
1.  public class SuperClass {
2.      protected int num;
3.      public SuperClass() {
4.          this.num = 1;
5.      }
6.      public SuperClass(int num) {
7.          this.num = num;
8.      }
9.  }
```

```
1.  public class SubClass extends SuperClass {
2.      private int a;
3.      private int b;
4.      public SubClass(int a) {
5.        this.a = a;
6.      }
7.      public SubClass(int a, int b){
8.        this(a);
9.        this.b = b;
10.     }
11.     public static void main(String[] args) {
12.       SubClass sub = new SubClass(2, 3);
13.       System.out.println(sub.num + ":" + sub.a + ":" + sub.b);
14.     }
15. }
```

    A.　「1:2:3」と表示される
    B.　「0:2:3」と表示される
    C.　コンパイルエラーが発生する
    D.　実行時に例外がスローされる

➡ P301

15. 次のコードをコンパイル、実行したときの結果として、正しいものを選びなさい。(1つ選択)

```
1.  public class Main {
2.      public static void main(String[] args) {
3.          int x = 6;
4.          int y = x++;
5.          int z = ++y;
6.          System.out.println(x + " " + y + " " + z);
7.      }
8.  }
```

A. 「6 6 7」と表示される
B. 「6 7 7」と表示される
C. 「6 6 6」と表示される
D. 「7 7 7」と表示される
E. コンパイルエラーが発生する

➡ P302

16. 次のインタフェースのコンパイルを成功させるには、どのコードを2行目に挿入すればよいか。正しいものを選びなさい。(2つ選択)

```
1.  public interface Sample {
2.      // insert code here
3.  }
```

A. public void setVal(String val);
B. private void setVal(String val);
C. String val;
D. void setVal(String val);
E. public static void setVal(String val);

➡ P302

次のプログラムをコンパイル、実行したときの結果として、正しいもの
を選びなさい。（1つ選択）

```
1.  public class Bridge {
2.      String name;
3.
4.      public static void main(String[] args) {
5.          Bridge b = new Bridge();
6.
7.          if(b.name == "")
8.              b.name = "Brooklyn";
9.
10.             System.out.println(b.name);
11.      }
12.  }
```

A. 何も表示されない
B. 「null」と表示される
C. 「Brooklyn」と表示される
D. コンパイルエラーが発生する
E. 実行時に例外がスローされる

➡ P303

18. xxxというパッケージにアクセスできるMainクラスをxxx.hogeパッケージ内に作成するには、どのようにクラスを宣言すればよいか。正しいものを選びなさい。(1つ選択)

A.
```java
import xxx.*;
package xxx.hoge;
public class Main {
    // any code
}
```

B.
```java
package xxx.hoge;
import xxx.*;
public class Main {
    // any code
}
```

C.
```java
import xxx;
package xxx.hoge;
public class Main {
    // any code
}
```

D.
```java
package xxx.hoge;
import xxx;
public class Main {
    // any code
}
```

E.
```java
package xxx.*;
public class Main {
    // any code
}
```

➡ P303

19. 次のプログラムをコンパイル、実行したときの結果として、正しいものを選びなさい。（1つ選択）

```
1.   public class Main {
2.       public static void main(String[] args) {
3.           String str = "null";
4.
5.           if(str == null) {
6.               System.out.println("null");
7.           } else if(str.length() == 0) {
8.               System.out.println("0");
9.           } else {
10.              System.out.println("other");
11.          }
12.      }
13.  }
```

A. 「null」と表示される
B. 「0」と表示される
C. 「other」と表示される
D. コンパイルエラーが発生する
E. 実行時に例外がスローされる

➡ P304

20. 次のプログラムをコンパイル、実行したときの結果として、正しいもの
を選びなさい。（1つ選択）

```
1.  public class Test {
2.      private static int a;
3.      private int b;
4.
5.      public static int countUpA() {
6.          return ++a;
7.      }
8.      public int doMethod() {
9.          return countUpA();
10.     }
11.
12.     public static void main(String[] args) {
13.         Test test = new Test();
14.         System.out.print(test.doMethod());
15.         System.out.print(" " + test.countUpA());
16.     }
17. }
```

- A. 「0 1」と表示される
- B. 「1 2」と表示される
- C. 9行目でコンパイルエラーが発生する
- D. 15行目でコンパイルエラーが発生する
- E. 実行時に例外がスローされる

➡ P304

21. 以下の中から、privateメソッドにアクセスできるものを選びなさい。（3
つ選択）

- A. サブクラスのpublicメソッド
- B. 同じクラスのprivateメソッド
- C. super()を使用するサブクラスのコンストラクタ
- D. オーバーロードされたメソッド
- E. 同じクラスのメソッド内に定義した自インスタンスを参照する
  this変数

➡ P304

22. 次の配列の要素をすべて出力するコードとして正しいものを選びなさい。(1つ選択)

```
int[] array = {1, 2, 3, 4, 5};
```

A.
```
for(int i = 1; i < array.length; i++) {
    System.out.println(array[i]);
}
```

B.
```
while(int i = 0; i < array.length) {
    System.out.println(array[i]);
    i++;
}
```

C.
```
for(int i = 0; i < array.length; i++) {
    System.out.println(array[i]);
}
```

D.
```
while(int i = 1; i < array.length) {
    System.out.println(array[i]);
    ++i;
}
```

➡ P305

23. 以下の中から、ポリモーフィズムに関係が深いものを選びなさい。(2つ選択)

A. インタフェースの継承
B. インタフェースの実装
C. メソッドのオーバーロード
D. メソッドのオーバーライド
E. アクセス修飾子protectedの利用

➡ P305

24. 次のプログラムをコンパイル、実行したときの結果として、正しいもの
を選びなさい。(1つ選択)

```
1.  public class Main {
2.      public static void main(char[] args) {
3.          System.out.println(args[0]);
4.      }
5.
6.      public static void main(String[] args) {
7.          System.out.println(args[1]);
8.      }
9.  }
```

【実行方法】

```
java Main Test Run
```

    A.   「Test」と表示される
    B.   「Run」と表示される
    C.   コンパイルエラーが発生する
    D.   実行時に例外がスローされる

➡ P306

25. 次のプログラムをコンパイル、実行したときの結果として、正しいもの
を選びなさい。(1つ選択)

```
1.  public class Main {
2.     public static void main(String[] args) {
3.        boolean flag = false;
4.
5.        if(flag == true) {
6.           for(int i = 0; flag; i++) {
7.              System.out.print("a");
8.              flag = false;
9.           }
10.       } else {
11.          System.out.print("b");
12.       }
13.    }
14. }
```

    A.   「a」と表示される
    B.   「b」と表示される
    C.   「ab」と表示される
    D.   何も表示されない
    E.   コンパイルエラーが発生する
    F.   実行時に例外がスローされる

➡ P306

26. 適切にカプセル化し、維持するために必要な修飾子として、正しいもの
を選びなさい。(1つ選択)

    A.   final
    B.   abstract
    C.   public
    D.   private

➡ P307

27. 次のプログラムをコンパイル、実行したときの結果として、正しいものを選びなさい。（1つ選択）

```
1.  public class Airline {
2.      String flightNumber;
3.
4.      public void printFlightNumber() {
5.          System.out.println(flightNumber);
6.      }
7.
8.      public static void main(String[] args) {
9.          Airline a1 = new Airline();
10.         Airline a2 = a1;
11.         a1.flightNumber = "DAL027";
12.         a2.flightNumber = "DAL305";
13.
14.         a1.printFlightNumber();
15.         a2.printFlightNumber();
16.     }
17. }
```

A. 「DAL027」「DAL305」と表示される
B. 「DAL027」「DAL027」と表示される
C. 「DAL305」「DAL305」と表示される
D. コンパイルエラーが発生する
E. 実行時に例外がローされる

➡ P307

□ **28.** 次のプログラムをコンパイル、実行したときの結果として、正しいもの
を選びなさい。(1つ選択)

```
1.   public class ArrayTest {
2.       public static void main(String[] args) {
3.           char[] chars1 = new char[6];
4.           chars1[0] = 'b';
5.           chars1[1] = 'o';
6.           chars1[2] = 'o';
7.           chars1[3] = 'k';
8.
9.           char[] chars2 = {'l', 'i', 'b', 'r', 'a', 'r', 'y'};
10.          chars1 = chars2;
11.
12.          System.out.println(chars1);
13.      }
14.  }
```

    A.   「book」と表示される

    B.   「bookary」と表示される

    C.   「librar」と表示される

    D.   「library」と表示される

    E.   コンパイルエラーが発生する

    F.   実行時に例外がスローされる

➡ P308

□ **29.** 以下の中から、情報隠蔽に関わりの深いキーワードを選びなさい。(3
つ選択)

    A.   ポリモーフィズム

    B.   カプセル化

    C.   アクセサメソッド

    D.   パッケージ

    E.   インタフェース

    F.   インスタンス化

➡ P309

30. 次のプログラムをコンパイル、実行したときの結果として、正しいもの
を選びなさい。(1つ選択)

```
1.   public class Item {
2.       public static void main(String[] args) {
3.           Item[] items = {new Item(), new Item(), new Item()};
4.           int u = items.length;
5.           do while(u > 0) {
6.               System.out.println(u-- + " ");
7.           }
8.       }
9.   }
```

A. 「3 2 1」と表示される

B. 「2 1 0」と表示される

C. 「2 1」と表示される

D. 3行目でコンパイルエラーが発生する

E. 5～7行目のdo-whileブロックでコンパイルエラーが発生する

➡ P309

31. クラスの定義として正しいものを選びなさい。(3つ選択)

A. `public class $Item {      }`

B. `public class Book% {      }`

C. `public class Employee# {      }`

D. `class Shape5 { }`

E. `class Sample-Test {      }`

F. `class Book_Shop {      }`

➡ P310

32. 次のプログラムをコンパイル、実行したときの結果として、正しいもの
を選びなさい。（1つ選択）

```
1.  public class Main {
2.      public static void main(String[] args) {
3.          int i = 0;
4.          do {
5.              ++i;
6.              System.out.println("hoge");
7.          } while (i < 3);
8.      }
9.  }
```

A. 「hoge」が1回表示される
B. 「hoge」が3回表示される
C. 「hoge」が4回表示される
D. コンパイルエラーが発生する
E. 実行時に例外がスローされる

➡ P310

33. Javaに関する説明として、正しいものを選びなさい。（3つ選択）

A. プラットフォームに依存する
B. 単一スレッドのアプリケーションのみをサポートする
C. 自動メモリ管理をサポートする
D. アーキテクチャに依存しない
E. プログラマーは、メモリを直接操作できる
F. 実行時にコンパイルされる

➡ P311

34. 以下の中から、メソッドをオーバーロードしているクラスを選びなさい。
(1つ選択)

A. ```
class Triangle {
    public void setup(int height, int base){   }
    public void setup(int height) {   }
}
```

B. ```
class Triangle {
    public setup(int height, int base){    }
    public void setup(int height) {    }
}
```

C. ```
class Triangle {
    public int setup(int height, int base){   }
    public void setup(int height, int base){   }
}
```

D. ```
class Triangle {
    public void setup(int height, int base){    }
    public void setdown() {    }
}
```

➡ P312

35. 次のプログラムをコンパイル、実行したときの結果として、正しいもの
を選びなさい。（1つ選択）

```
1.   public class News {
2.       static int id;
3.       String name;
4.
5.       static void printInfo() {
6.           System.out.println(id + ":" + name);
7.       }
8.
9.       public static void main(String[] args) {
10.          News n = new News();
11.          n.printInfo();
12.      }
13.  }
```

- A.   何も表示されない
- B.   「0:」と表示される
- C.   「0:null」と表示される
- D.   コンパイルエラーが発生する
- E.   実行時に例外がスローされる

➡ P312

36. 継承に関する説明として、正しいものを選びなさい。（2つ選択）

- A.   何らかのクラスを継承したクラスは継承できない
- B.   1つのクラスが複数のスーパークラスを継承できる
- C.   1つのスーパークラスから複数のサブクラスを定義できる
- D.   サブクラスはスーパークラスのすべてのメソッドとフィールド
  を引き継ぐわけではない

➡ P312

37. 次のプログラムをコンパイル、実行したときの結果として、正しいもの
を選びなさい。（1つ選択）

```
1.  public class Main {
2.      public static void main(String[] args) {
3.          char c = 'b';
4.
5.          switch (c) {
6.              case 'a':
7.                  System.out.print("A");
8.                  break;
9.              case 'b':
10.                 System.out.print("B");
11.             case 'c':
12.                 System.out.print("C");
13.                 break;
14.             default:
15.                 System.out.print("D");
16.                 break;
17.         }
18.     }
19. }
```

A. 何も表示されない
B. 「A」と表示される
C. 「B C」と表示される
D. 「B C D」と表示される
E. 「D」と表示される

総仕上げ問題（問題）

275

38. 次のプログラムをコンパイル、実行したときの結果として、正しいもの を選びなさい。（1つ選択）

```
1.  public class Employee {
2.      public void disp() {
3.          System.out.println("Employee");
4.      }
5.  }
```

```
1.  public class Manager extends Employee {
2.      public void disp() {
3.          System.out.println("Manager");
4.      }
5.      public static void main(String[] args) {
6.          Manager m = new Manager();
7.          Employee e = m;
8.          e.disp();
9.      }
10. }
```

A. 「Employee」が表示される
B. 「Manager」が表示される
C. 「Employee」「Manager」の順に表示される
D. 「Manager」「Employee」の順に表示される
E. コンパイルエラーが発生する
F. 実行時に例外がスローされる

➡ P313

39. スーパークラスの要素と同じ名前で定義できるサブクラスの要素とし て、正しいものを選びなさい。（1つ選択）

A. フィールド、コンストラクタ、メソッド
B. フィールド、メソッド
C. コンストラクタ、メソッド
D. メソッドのみ

➡ P314

40. 次のプログラムをコンパイル、実行したときの結果として、正しいもの
を選びなさい。（1つ選択）

```
1.  public class Counter {
2.      static int count = 0;
3.
4.      Counter() {
5.          ++count;
6.      }
7.
8.      public static void main(String[] args) {
9.          Counter c = new Counter();
10.         c = new Counter();
11.         System.out.println(c.count);
12.     }
13. }
```

    A.   0が表示される

    B.   1が表示される

    C.   2が表示される

    D.   コンパイルエラーが発生する

    E.   実行時に例外がスローされる

➡ P314

41. 次のようなItemクラスとBookクラスが定義されている場合、Itemクラ
スのインスタンスが生成されるコードとして正しいものを選びなさい。
（2つ選択）

```
1.  class Item {      }
2.  class Book extends Item {     }
```

    A.   Item item = null;

    B.   Item item;

    C.   Item item = new Book();

    D.   Item item = new Item();

    E.   new Item();

➡ P315

42. 次のプログラムをコンパイル、実行したときの結果として、正しいものを選びなさい。(1つ選択)

```
1.  public class SuperClass {
2.      private int num = 10;
3.      void test() {
4.          System.out.println(num);
5.      }
6.  }
```

```
1.  public class SubClass extends SuperClass {
2.      private int num = 20;
3.      public static void main(String[] args) {
4.          SubClass sub = new SubClass();
5.          sub.test();
6.      }
7.  }
```

    A.   コンパイルエラーが発生する
    B.   実行時に例外がスローされる
    C.   10が表示される
    D.   20が表示される

➡ P315

43. 次のプログラムをコンパイル、実行したときの結果として、正しいもの
を選びなさい。（1つ選択）

```
1.   public class Main {
2.      public static void main(String[] args) {
3.         int x = 3;
4.         int y = 5;
5.
6.         if(x != 3)
7.            System.out.println("A");
8.         else if(y > x)
9.            System.out.println("B");
10.        else
11.           System.out.println("C");
12.     }
13.  }
```

A. 「A」と表示される

B. 「B」と表示される

C. 「C」と表示される

D. 「B」「C」と表示される

E. コンパイルエラーが発生する

➡ P316

44. 次のプログラムをコンパイル、実行したときの結果として、正しいものを選びなさい。（1つ選択）

```
1.  public class Main {
2.      public static void main(String[] args) {
3.          int x = 12 / 2;
4.          int y = 2 * 3;
5.
6.          if(x > y)
7.              System.out.println("A");
8.          else if(x < y)
9.              System.out.println("B");
10.         else if(x = y)
11.             System.out.println("C");
12.         else
13.             System.out.println("D");
14.     }
15. }
```

A. 「A」と表示される
B. 「B」と表示される
C. 「C」と表示される
D. 「D」と表示される
E. コンパイルエラーが発生する
F. 実行時に例外がスローされる

➡ P316

45. 次のプログラムをコンパイル、実行したときの結果として、正しいもの
を選びなさい。（1つ選択）

```
1.  public class Main {
2.      public static void main(String[] args) {
3.          byte a = -120;
4.          short b = 90000;
5.          int c = -20000000;
6.          long d = 920000000L;
7.      }
8.  }
```

   A.   コンパイルは成功する
   B.   複数行でコンパイルエラーが発生する
   C.   3行目でコンパイルエラーが発生する
   D.   4行目でコンパイルエラーが発生する
   E.   5行目でコンパイルエラーが発生する
   F.   6行目でコンパイルエラーが発生する

→ P316

46. 次のプログラムを実行し、配列の要素がすべて出力されるようにしたい。
4行目に挿入するコードとして、正しいものを選びなさい。（1つ選択）

```
1.  public class Main {
2.      public static void main(String[] args) {
3.          String[] array = {"hoge", "fuga", "piyo"};
4.          // insert code here
5.              System.out.println(str);
6.      }
7.  }
```

   A.   for(str : array)
   B.   for(array : str)
   C.   for(String str : array)
   D.   for(String str : String[] array)
   E.   for(String[] array : str)

→ P317

次のプログラムをコンパイル、実行したときの結果として、正しいもの
を選びなさい。(1つ選択)

```
1.   public class Calculator {
2.       int beforeTaxes(int price) {
3.           return (int)(price * 1.08);
4.       }
5.       double beforeTaxes(int price) {
6.           return price * 1.08;
7.       }
8.
9.       public static void main(String[] args) {
10.          int p = 40;
11.          Calculator calc = new Calculator();
12.          System.out.println("payment = " + calc.beforeTaxes(p));
13.      }
14.  }
```

A. 「payment = 40」と表示される
B. 「payment = 43」と表示される
C. 「payment = 43.2」と表示される
D. コンパイルエラーが発生する

➡ P317

48. 次のプログラムをコンパイル、実行したときの結果として、正しいもの
を選びなさい。(1つ選択)

```
1.  public class SuperClass {
2.      public void test(){
3.          System.out.println("super");
4.      }
5.  }
```

```
1.  public class SubClass extends SuperClass {
2.      public void test() {
3.          System.out.println("sub");
4.      }
5.  }
```

```
1.  public class Sample {
2.      public static void main(String[] args) {
3.          SuperClass s = new SubClass();
4.          s.test();
5.      }
6.  }
```

A. 「super」と表示される
B. 「sub」と表示される
C. コンパイルエラーが発生する
D. 実行時に例外がスローされる

➡ P318

49. 抽象クラスに関する説明として、正しいものを選びなさい。(1つ選択)

A. 抽象クラスに定義されるメソッドは、暗黙的にpublic abstract
である
B. 抽象クラスに定義されるフィールドは、暗黙的にstatic finalで
ある
C. 抽象クラスを継承するサブクラスを定義することはできない
D. 抽象クラスはインスタンス化できない
E. 抽象クラスは抽象メソッドを持たなければいけない

➡ P318

50. 次のプログラムをコンパイル、実行したときの結果として、正しいもの
を選びなさい。（1つ選択）

```
1.  public class SuperClass {
2.      public void print() {
3.          System.out.println("super");
4.      }
5.  }
```

```
1.  public class SubClass extends SuperClass {
2.      public void print() {
3.          System.out.println("sub");
4.      }
5.      public static void main(String[] args) {
6.          SuperClass s = new SuperClass();
7.          SubClass s2 = (SubClass) s;
8.          s2.print();
9.      }
10. }
```

A. 「super」と表示される
B. 「sub」と表示される
C. コンパイルエラーが発生する
D. 実行時に例外がスローされる

➡ P319

51. 次のプログラムを実行し、「sub,super」と表示されるようにしたい。
空欄にあてはまるコードを選びなさい。（1つ選択）

```
1.  public class SuperClass {
2.      String val = "super";
3.  }
```

```
1.  public class SubClass extends SuperClass {
2.      String val = "sub";
3.      public void test() {
4.          System.out.println(val + "," +              );
5.      }
6.      public static void main(String[] args) {
7.          SubClass sub = new SubClass();
8.          sub.test();
9.      }
10. }
```

- A. super(val)
- B. this.val
- C. super.val
- D. this(val)
- E. super().val
- F. SuperClass.val

➡ P319

52. 配列の宣言と配列インスタンスの生成として有効なものを選びなさい。
（3つ選択）

- A. int array = new int[3];
- B. int[] array = new int(3);
- C. int[] array;
     array = new int[3];
- D. int array[3];
- E. int[] array = {3, 6, 2};
- F. int[] array = new int()[3];
- G. int[] array = new int[3];

➡ P320

53. 次のプログラムをコンパイル、実行したときの結果として、正しいもの
を選びなさい。（1つ選択）

```
1.  public class Main {
2.      public static void main(String[] args) {
3.          int i = 1;
4.          while(i++ < 5) {
5.              System.out.println("hoge");
6.          }
7.          i--;
8.      }
9.  }
```

A. 何も表示されない
B. 「hoge」が4回表示される
C. 「hoge」が5回表示される
D. コンパイルエラーが発生する
E. 実行時に例外がスローされる

➡ P320

54. 次のプログラムをコンパイル、実行したときの結果として、正しいもの
を選びなさい。（1つ選択）

```
1.  public class Main {
2.      public static void main(String[] args) {
3.          int x = 5;
4.          int y = (x = 2) + x;
5.          System.out.println(y + ":" + x);
6.      }
7.  }
```

A. 「7:5」と表示される
B. 「2:5」と表示される
C. 「7:2」と表示される
D. 「4:5」と表示される
E. 「4:2」と表示される
F. コンパイルエラーが発生する

➡ P321

55. 次のプログラムのコンパイルを成功させ、実行結果が「2」となるようにしたい。空欄にあてはまるコードを選びなさい。（1つ選択）

```
1.   public class Main {
2.      public static void main(String[] args) {
3.          int a = subtract(5, 3);
4.          System.out.println(a);
5.      }
6.      [      ] int subtract(int a, int b) {
7.          return a - b;
8.      }
9.   }
```

- A. static
- B. final
- C. public
- D. void

➡ P321

56. 次のプログラムをコンパイル、実行したときの結果として、正しいものを選びなさい。（1つ選択）

```
1.   public class Point {
2.      public static void main(String[] args) {
3.          int x = 5;
4.          Point p = new Point();
5.          p.move(x);
6.      }
7.      public void move(int y) {
8.          System.out.println(x++ + " " + --y);
9.      }
10.  }
```

- A. 「0 5」と表示される
- B. 「1 5」と表示される
- C. 「0 4」と表示される
- D. コンパイルエラーが発生する
- E. 実行時に例外がスローされる

➡ P322

57. インタフェースの定義として、正しいものを選びなさい。(1つ選択)

A.
```
public interface App {
    public String id = "A001";
    void execute(String param);
}
```

B.
```
public interface App {
    private String id = "A001";
    public void execute(String param);
}
```

C.
```
public interface App {
    public String id;
    abstract void execute(String param);
}
```

D.
```
public interface App {
    abstract String id = "A001";
    void execute(String param);
}
```

➡ P322

58. コンストラクタに関する説明として、正しいものを選びなさい。(2つ 選択)

A. サブクラスはスーパークラスのコンストラクタを引き継がない
B. コンストラクタの戻り値型はvoidにすることができる
C. コンストラクタはprivateで修飾できる
D. コンストラクタは、クラス内のすべてのフィールドを初期化し なければならない

➡ P322

59. 次のプログラムが正常にコンパイルされるようにしたい。SampleImpl クラスの2行目に挿入するコードとして、正しいものを選びなさい。（1つ選択）

```
1.  abstract class Sample {
2.      void print() {
3.          System.out.println("sample");
4.      }
5.      public abstract void test();
6.  }
```

```
1.  public class SampleImpl extends Sample {
2.      //insert code here
3.  }
```

A. ```
    void test() {
        System.out.println("impl");
    }
    ```

B.  ```
    public abstract void test() {
        System.out.println("impl");
    }
    ```

C. ```
    public void test() {
        System.out.println("impl");
    }
    ```

D.  ```
    public void print() {
        System.out.println("impl");
    }
    ```

E. ```
    void print() {
        System.out.println("impl");
    }
    ```

→ P323
    ```

60. 次のプログラムをコンパイル、実行したときの結果として、正しいもの
を選びなさい。（1つ選択）

```
1.  public class Main {
2.      public static void main(String[] args) {
3.          String s1 = "abc";
4.          String s2 = "abc";
5.          String s3 = new String("abc");
6.
7.          if(s1 == s2) {
8.              System.out.print("s1 == s2 ");
9.          } else {
10.             System.out.print("s1 != s2 ");
11.         }
12.
13.         if(s1 == s3) {
14.             System.out.print("s1 == s3");
15.         } else {
16.             System.out.print("s1 != s3");
17.         }
18.     }
19. }
```

A. 「s1 == s2 s1 == s3」と表示される
B. 「s1 != s2 s1 == s3」と表示される
C. 「s1 == s2 s1 != s3」と表示される
D. 「s1 != s2 s1 != s3」と表示される

➡ P324

1.　B　　　　　　　　　　　　　　　　　　　　　　⇒ P252

ネストしたループに関する問題です。外側のfor文と内側のfor文が、同じカウンタ変数iを利用しているところがポイントです。内側のループが終了した時点の変数iの値を確認し、外側のループが継続するかどうかの判定に注意して解きましょう。

外側のループと内側のループで、同じカウンタ変数を使っている点に注目します。外側のループでカウンタ変数iを0で初期化していますが、さらに内側のループでこの変数に5を代入し直しています。そのため、変数iが5より小さくなることはありません。
内側のループは、5から始まり10よりも小さい間繰り返します。そのため、コンソールには5、6、7、8、9と順に表示されます。一方、外側のループの条件式は「5よりも小さい間」となっているため、外側のループが実行されるのは初回だけです。よって、5、6、7、8、9と表示されるのは1回です。したがって、選択肢**B**が正解です。

2.　D　　　　　　　　　　　　　　　　　　　　　　⇒ P252

演算の優先順位に関する問題です。
演算子の**優先順位**が同じ場合、左側から右側へ順に演算されます。

設問のコード4行目では、まず左側の式「i += 5」が処理され、演算の結果は10になります。次の「10 + ":"」は、数値が文字列に置き換わり、文字列連結として処理されます。よって、演算の結果は「10:」になります。その後、「i--」と後置デクリメントで記述されているため、変数iは10のまま「10:」の後ろに連結され、「10:10」が表示されます。したがって、選択肢**D**が正解です。

3.　D　　　　　　　　　　　　　　　　　　　　　　⇒ P253

デフォルトコンストラクタに関する問題です。コードに明示的にコンストラクタを定義すると、**デフォルトコンストラクタ**は自動的に追加されなくなることに注意しましょう。
設問のコード4〜6行目では、String型の引数を1つ取るコンストラクタを定義しています。そのため、デフォルトコンストラクタは追加されません。9行

目で、引数なしのコンストラクタを呼び出していますが、Trainクラスには引数なしのコンストラクタは定義されていないためコンパイルエラーとなります。したがって、選択肢**D**が正解です。

4. A
➡ P253

Javaの各種エディションの特徴に関する問題です。
Java SEにはGUIを実現するAWTやSwing、JavaFXといったライブラリが含まれています。そのため、選択肢のうち、GUIベースのアプリケーション開発に適しているのはJava SEです。選択肢Bの**Java EE**は、Webベースのアプリケーションを開発する機能を提供します。Java EEは、Java SEを拡張して作成されています。そのため、設問のアプリケーションはJava SEで開発しておけば、将来、Webベースのアプリケーションに移行可能です。したがって、選択肢**A**が正解です。

選択肢Cの**Java ME**は、携帯電話やPDA、工業用ロボットをはじめとするハードウェア向けのアプリケーションを開発するための機能を提供するエディションです。選択肢DのJava DBは、JDKに付属する簡易データベース管理ソフトウェアです。

5. A
➡ P254

複数のインタフェースやクラスが関係するポリモーフィズムについての問題です。このような問題では、まずコンパイルエラーが発生しないかを確認します。**is-a**関係がないのに**ポリモーフィズム**を使おうとしている場合には、コンパイルエラーが発生します。クラス図[1]を書いてそれぞれの関係を整理するとよいでしょう。

【クラス図】

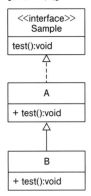

この図からわかるとおり、AクラスはSampleインタフェースを実現しており、そのAクラスを継承するBクラスが定義されています。そのため、次の3つの関係が成り立ちます。

- A is-a Sample
- B is-a A
- B is-a Sample

設問のMainクラスの3行目では、Sample配列型の変数samplesを宣言し、AのインスタンスとBのインスタンスを渡して配列を初期化しています。このとき、前述のとおりAとBのどちらもSampleとはis-a関係であるためコンパイルエラーは発生しません（選択肢E、F）。

また、Mainクラスの3行目では、AとBのインスタンスを生成し、Sample配列型変数を初期化しています。そのため、4行目から始まる拡張for文の一時変数sには、A、Bの順でインスタンスへの参照が代入されます。

Aクラスのtestメソッドは、Bクラスでオーバーライドしています。そのため、Aクラスのインスタンスが動作していればAクラスのtestメソッドが、Bクラスのインスタンスが動作していればBクラスのtestメソッドが実行されます。以上のことから、コンソールには「A」「B」の順に表示されます。したがって、選択肢**A**が正解です。

6. A、D ⇒ P255

オーバーライドに関する問題です。**オーバーライド**とは、スーパークラスに定義したメソッドをサブクラスで「再定義」することです。オーバーライドが成り立つ条件は、次の3点です。

- メソッドのシグニチャがスーパークラスのものと同じであること
- 戻り値の型がスーパークラスのメソッドと同じか、サブクラスであること
- メソッドのアクセス制御がスーパークラスと同じか、それよりも緩いこと

各選択肢については以下のとおりです。

A. シグニチャも戻り値も同じです。アクセス修飾子は異なりますが、スーパークラスのメソッドがデフォルトの「アクセス修飾子なし」であるのに対し、より緩いpublicとしているため3番目のルールにも合致します。

※1　UMLについては、325ページの「UMLの読み方について」を参照してください。

第 8 章　総仕上げ問題（解答）

B. スーパークラスのメソッドの引数がint型であるのに対し、long型を受け取ると定義しており、シグニチャが異なります。そのため、オーバーライドではなく、オーバーロードとして扱われます。

C. スーパークラスのメソッドとは引数の型が異なります。そのため、オーバーライドではなくオーバーロードとして扱われます。

D. シグニチャも戻り値も同じです。アクセス修飾子は異なりますが、選択肢Aと同様に、より緩いpublicとしているため3番目のルールにも合致します。また、戻す値が異なりますが、オーバーライドかどうかはメソッドの宣言部分で判定され、処理内容や戻す値は考慮されません。このメソッド宣言は、オーバーライドが成立する条件を備えています。

したがって、選択肢**A**と**D**が正解です。

7.　A、B、D　　　　　　　　　　　　　　　　　　　➡ P255

アクセス修飾子privateに関する問題です。

設問の選択肢のうち、抽象メソッドは、クラスを継承したサブクラスやインタフェースを実現したクラスでの実装を強制するものです。そのため、同じクラス内でしかアクセスできないことを意味する**private**では修飾できません。よって、選択肢CとEは誤りです。

フィールドとメソッドに指定するアクセス修飾子の制限はありません。デフォルトである「アクセス修飾子なし」も含め、4つの修飾子（private、デフォルト、protected、public）すべてを使うことができます。コンストラクタもメソッドの一種であるため、メソッドと同じように4種類のアクセス修飾子を使えます。よって、選択肢**A**と**B**は正解です。

選択肢Dの具象メソッドは、実装を持たない「抽象メソッド」の対義語で、実装を持つ通常のメソッドのことです。前述のとおり、4つのアクセス修飾子すべてを使うことができます。よって、選択肢**D**も正解です。

privateは、同じクラス内でしか使えないフィールドとメソッドを修飾するためのもので、クラスの宣言では使うことはできません。よって、選択肢Fは誤りです。ただし、クラスの内部に定義する「インナークラス」と呼ばれるクラスはprivateで修飾できます。通常のクラスとインナークラスでは使用できるアクセス修飾子が異なりますが、Java SE Bronze試験ではインナークラスは問われませんので、試験対策としては通常のクラスだけを考慮すればよいでしょう。

8.　C

➡ P256

this()の使い方に関する問題です。オーバーロードしたコンストラクタを呼び出すには、**this()**を使用します。this()は、コンストラクタブロックの先頭行でのみ使用できる点に注意しましょう。
各選択肢については以下のとおりです。

A.　this()がコンストラクタブロックの先頭行にありません。

B. D.オーバーロードしたコンストラクタを呼び出すには、コンストラクタ名ではなくthis()を利用します。

C.　this()が正しくコンストラクタブロックの先頭行で使用されています。

E.　thisの後ろに記述できるのは、フィールド、メソッドのみです。コンストラクタは記述できません。

したがって、選択肢**C**が正解です。

9.　B、C、D

➡ P257

クラス宣言の方法に関する問題です。クラス宣言の際には、クラス名に利用できる文字のほかに、**extends**や**implements**キーワードの後ろに記述するスーパークラスやインタフェースの指定方法にも注意しましょう。
各選択肢については以下のとおりです。

A. 完全修飾クラス名のクラス名の部分をアスタリスク「*」で表記しています。これは、利用するクラスを1つに特定せず、複数クラスを利用するということを表現しています。この表記はインポート宣言では利用できますが、extendsの場合は選択肢Bのようにスーパークラスを1つに特定して記述しなければいけません。

B. 完全修飾クラス名で、java.lang.Objectクラスをスーパークラスとして指定しています。このように、extendsの後ろに完全修飾クラス名を記述することは問題ありません。また、Objectクラスはすべてのクラスのスーパークラスであるため、記述しなくても暗黙的にObjectクラスのサブクラスとして定義されます。

C. finalキーワードはクラス宣言に記述することができます。なお、finalキーワードを付加したクラスを継承することはできません。

D. クラス宣言の文法にのっとっています。

E. Objectは標準APIに含まれるクラスであり、インタフェースでないためimplementsできません。

したがって、選択肢**B**、**C**、**D**が正解です。

第 8 章

総仕上げ問題（解答）

if-else文の処理の流れに関する問題です。中カッコ「{ }」を省略すると、最初の1文のみが実行されることに注意しましょう。

設問のコードはelseブロックの中カッコが省略されています。省略せずに記述した場合、次のようなコードになります。

例 設問のコードの中カッコを記述した場合

```
1.  public class Main {
2.      public static void main(String[] args) {
3.          int a = 12;
4.          int b = 8;
5.          if (a >= 10 || b >= 10) {
6.              a /= 2;
7.              b += a;
8.          } else {
9.              a /= 2;
10.         }
11.         b += a;
12.         System.out.println(a + ":" + b);
13.     }
14. }
```

5行目のif文では、論理和の左オペランドはtrue、右オペランドはfalseを戻します。論理和は、どちらか片方でもtrueであれば条件に一致したことになるため、ifブロック内の処理が実行されます。ifブロックでは、変数aの値が12から6になり、変数bには14（8 + 6）が代入されます。その後、11行目でもう一度変数bの値（14）に変数aの値（6）を加算しているため、変数bの値は20になります。そのため、「6:20」と表示されます。したがって、選択肢**B**が正解です。

コンストラクタ内で、別のコンストラクタを呼び出す方法に関する問題です。**コンストラクタ**は普通のメソッドと同様に、オーバーロードして複数定義できます。

オーバーロードした別のコンストラクタを呼び出すには、**this()**を使います（選択肢E）。このとき、必ずコンストラクタブロックの先頭行に記述しなければいけません。これは、スーパークラスのコンストラクタがサブクラス

のコンストラクタよりも先に処理されることと関係します。コンパイル時、コンストラクタには、スーパークラスのコンストラクタを呼び出すコード「super();」がブロックの先頭行に暗黙的に記述されます。たとえば、次のようにオーバーロードされた2つのコンストラクタがある場合、スーパークラスのコンストラクタ呼び出しのコードは、それぞれのコンストラクタブロックの先頭行になければいけません。明示的に記述する場合も同様です。

例 スーパークラスのコンストラクタ呼び出し

```
public Sample() {
    super();
    // any code
}
public Sample(String name) {
    super();
    // any code
}
```

ここにオーバーロードした別のコンストラクタ呼び出しを追加すると、次のようになります。

例 オーバーロードした別のコンストラクタ呼び出しを追加

```
public Sample() {
    super();
    this("sample");
    // any code
}
public Sample(String name) {
    super();
    // any code
}
```

このコードでは、スーパークラスのコンストラクタが2回呼び出されています。コンストラクタの目的はインスタンスの事前準備であり、1回実行されれば事前準備が終わるため、2回呼び出す必要はありません。そのため、オーバーロードした別のコンストラクタ呼び出しを記述した場合には、スーパークラスのコンストラクタ呼び出しは暗黙的に追加されることはありません。オーバーロードした別のコンストラクタ呼び出しをしているにもかかわらず、スーパークラスのコンストラクタ呼び出しを明示的に記述した場合には、コンパイルエラーになります。

例 スーパークラスのコンストラクタは呼び出されない

```
public Sample() {
    this("sample");
    // any code
}
public Sample(String name) {
    super();
    // any code
}
```

このとき、次のようにオーバーロードした別のコンストラクタ呼び出しをする前に何らかのコードを記述すると、スーパークラスのインスタンスを準備する前に、サブクラスのインスタンスを準備したことになります。これは、サブクラスのインスタンスよりもスーパークラスのインスタンスを先に準備しなければいけないというルールに反します。

例 別のコンストラクタを呼び出す前にコードを記述してはいけない

```
public Sample() {
    // any code          ← まだスーパークラスのコンストラクタが
    this("sample");         呼び出せていない状況で実行することになる
    // any code
}
public Sample(String name) {
    super();
    // any code
}
```

このようなことから、オーバーロードした別のコンストラクタ呼び出しはコンストラクタの先頭行になければなりません（選択肢A、D）。

また、サブクラスのインスタンスフィールドが初期化されるタイミングは、スーパークラスのコンストラクタ呼び出しが終わったあとです。そのため、設問のコードであればスーパークラスのコンストラクタ呼び出しが終わるまでは、変数TMPを使えません（選択肢C）。なお、TMPがstaticな変数である場合、スーパークラスのコンストラクタ呼び出しの前であっても使えます。staticな変数はインスタンスを生成しなくてもロードするだけで使えるためです。
以上のことから、選択肢**B**が正解です。

12.　E

ネストしたループに関する問題です。外側のfor文に条件式が記述されていない点と、内側のwhile文でカウンタ変数がインクリメントされているタイミングに注意して解きましょう。

4行目で、変数jを0で初期化しています。while文の条件式を「jが3以下の間」としているため、内側のループでは0から3までの数値が順に表示されます。外側のfor文の条件式は記述されていません。このようにfor文の条件式を省略すると、ループは無限に続きます。そのため、コンソールには内側のループの結果である0、1、2、3が無限に出力されます。以上のことから、選択肢**E**が正解です。

総仕上げ問題（解答）

13.　C

インクリメントのタイミングに関する問題です。

インクリメントは、演算子を変数の前に記述する前置と、変数の後ろに記述する後置とでは動作が異なります。**前置**の場合は、その変数が参照されたときに、1を加算した値を戻します。たとえば次のコードでは、変数resultには、numの値に1を加算した値である11が代入されます。

例 前置のインクリメント

```
int num = 10;
int result = ++num;
```

一方、**後置**の場合は、1を加算する前の変数が保持している値のコピーを戻したあと、変数の値に1を加算します。次のコード例では、前述のコードのインクリメント演算子を後置にしています。変数resultの値は10となります。

例 後置のインクリメント

```
int num = 10;
int result = num++;
```

このような後置のインクリメントの動作は、次のようなコードで1つずつ分けて考えると理解しやすくなるでしょう。このコードは、変数numの値をコピーして別の変数xに代入してから変数numの値に1を加算し、変数xが保持している値を変数resultに代入するという動作になります。

後置インクリメントの動作を理解するためのコード例

```
int num = 10;
int x = num;
num = num + 1;
int result = x;
```

設問のコードでは、for文の条件式でインクリメント演算子を後置しています。このfor文の動作は、次のようになります。

① 初期化式を実行する（int i = 3;）
② 条件式を評価する（i < i++;）
③ 繰り返し処理を実行する（System.out.print("a");）
④ 反復式を評価する（i++）
⑤ ②に戻る

この設問は、②の条件式を評価するタイミングで、後置インクリメントを使っていることがポイントです。<演算子は左から評価されるため、この条件式は「3 < i++」という式として考えます。<演算子の右側には後置インクリメントが付いた変数iがあるので、変数iの値（3）を戻してから、変数iの値に1を加算します。そのため、「3 < i++」という式は、「3 < 3」となります。3は3よりも小さくないため、この式はfalseを戻し、1回目の条件式の評価のタイミング（一度も繰り返し処理を実行していないタイミング）でfor文を抜けてしまいます。以上のことから、このコードを実行しても何も表示されません。よって、選択肢Cが正解です。

コンストラクタチェーンに関する問題です。

設問のSubClassクラスは、コンパイラによって次のように**コンストラクタ**が変更されます。

例 サブクラスからスーパークラスのコンストラクタを呼び出す

```
1.   public class SubClass extends SuperClass {
2.       private int a;
3.       private int b;
4.       public SubClass(int a) {
5.           super();
6.           this.a = a;
7.       }
8.       public SubClass(int a, int b){
9.           this(a);
10.          this.b = b;
11.      }
12.      public static void main(String[] args) {
13.          SubClass sub = new SubClass(2, 3);
14.          System.out.println(sub.num + ":" + sub.a + ":" + sub.b);
15.      }
16.  }
```

そのため、設問のコードは次の順番で実行されます。

① SubClassのコンストラクタ呼び出し（例の13行目）
② オーバーロードした別のコンストラクタ呼び出し（例の9行目）
③ スーパークラスのコンストラクタ呼び出し（例の5行目）
④ フィールドnumの値が1に変更（設問の4行目）
⑤ サブクラスのフィールドaの値が2に変更（例の6行目）
⑥ サブクラスのフィールドbの値が3に変更（例の10行目）
⑦ コンソールに出力（例の14行目）

上記のとおり、numには1が、aには2が、bには3が入っており、それらが出力されるため、コンソールには「1:2:3」と表示されます。以上のことから、選択肢**A**が正解です。

インクリメント演算の前置、後置に関する問題です。
前置のインクリメントは、オペランドに1を加算してから、その次の処理を実行します。**後置のインクリメント**は、オペランドの値のコピーを戻してから、オペランドに1を加算します。前置、後置によりオペランドに1を加算するタイミングが異なることに注意して解きましょう。

4行目では、xの値をyに代入しています。このときのインクリメント演算子は後置しているため、yにxの値（6）を代入したあとに1が加算されます（xは7になる）。5行目では、yの値をzに代入していますが、前置のインクリメント演算子なので、代入前にyの値をインクリメントし（7になる）、その後、その値をzに代入します。以上のことから、選択肢**D**が正解です。

インタフェースの定義に関する問題です。
インタフェースは、情報隠蔽を実現するために分けた公開・非公開のうち、**公開する部分**を定義するために使います。そのため、インタフェースにはpublic以外のフィールドやメソッドは定義できません（選択肢B）。
また、インタフェースに定義できるフィールドは定数だけです。そのため、初期値を設定していないフィールドの宣言はコンパイルエラーとなります（選択肢C）。

インタフェースに定義するメソッドは、すべてpublic abstractで暗黙的に修飾される抽象メソッドです。抽象メソッドはstaticで修飾できません。抽象メソッドは実装を持たず、実装を提供するクラスが別に必要です。一方、staticなメソッドは、インスタンスを作らなくても実行できるメソッドです。そのため、staticなメソッドは実装を持たなければいけません（選択肢E）。

以上のことから、選択肢**A**と**D**が正解です。これらのメソッドは、コンパイラによって暗黙的にpublic abstractで修飾されるため、修飾子を省略しても問題ありません。

17.　B　→ P262

インスタンスフィールドの初期化に関する問題です。インスタンスフィールド
の初期化処理を記述しなかった場合、次の**デフォルト値**で暗黙的に初期化さ
れます。

【デフォルト値】

プリミティブ型				参照型
整数型	浮動小数点数型	文字型	真偽値型	
0	0.0	￥u0000	false	null

設問のコード2行目ではインスタンスフィールドnameを宣言していますが、
初期化処理を記述していません。したがって、デフォルト値で初期化されま
す。フィールドnameはString型です。Stringは参照型の一種であるため、null
で初期化されます。

7行目の条件式は、フィールドnameが持つ参照と空文字列「""」を持つString
インスタンスへの参照が同じかどうか（同一性）を==演算子で比較していま
す。同じ内容の文字列かどうかの比較ではないことに注意してください。

フィールドnameの値はnullであり、インスタンスへの参照を保持していませ
ん。そのため、条件式の結果はfalseになり、8行目は処理されません。その後、
if文を抜けてインスタンスフィールドnameの内容をコンソールに出力します。
したがって、選択肢**B**が正解です。

18.　B　→ P263

パッケージ宣言とインポート宣言に関する問題です。

パッケージ宣言は、そのクラスが所属するパッケージを宣言するもので、**ソー
スファイルの先頭行**に記述しなければいけません。選択肢AとCは、パッケー
ジ宣言をインポート宣言のあとに記述しており、ソースファイルの先頭行に
記述するというルールに反しています。よって、誤りです。

設問では、xxx.hogeパッケージに所属するクラスを宣言するため、ソースファ
イルの先頭行に「package xxx.hoge;」のようにpackageキーワードを使っ
て宣言します。また、パッケージ宣言は、そのクラスが所属するクラスを明
確にするためのものであり、ワイルドカード表記による指定はできません。
よって、選択肢Eは誤りです。

インポート宣言では、インポートしたいクラスの**完全修飾クラス名**を指定す
るか、そのクラスが所属するパッケージ名とワイルドカード表記でパッケー
ジ内すべてをインポートするよう指定します。選択肢Dは、パッケージ名だ
けを記述しているため誤りです。以上のことから、選択肢**B**が正解です。

19.　C

nullリテラルに関する問題です。
nullリテラルとは、参照型変数がインスタンスへの参照を持たないことを表すための値です。文字列ではないので、ダブルクォーテーション「"」で囲まずに「null」と記述することに注意してください。

設問のコード3行目では、String型変数strを宣言し、"null" を代入しています。変数strがnullリテラルではないため、5行目のifの条件式はfalseを戻します。7行目のelse ifの条件式では、Stringクラスのlengthメソッドを使って文字列の長さを調べ、その結果が0（ゼロ）であるかどうかを調べています。nullという文字列は4文字であるため、この式の結果もfalseとなります。以上のことから、elseブロック内の処理が実行され、「other」と表示されます。よって、選択肢**C**が正解です。

20.　B

→ P265

staticフィールドの値の保持とstaticメソッドの呼び出しに関する問題です。次の点に注意して解答しましょう。

・**インスタンスメソッドからstaticメソッドの呼び出しはできる**
・**staticメソッドからインスタンスメソッドの呼び出しはできない**

インスタンスメソッドdoMethodから、staticメソッドcountUpAを呼び出すことはできます（選択肢C）。インスタンスへの参照を保持した変数testを使って、staticメソッドcountUpAを呼び出すことはできます（選択肢D）。

設問のコード14行目で、doMethodメソッドを呼び出しています。doMethodメソッドの処理（9行目）では、countUpAメソッドを呼び出しています。countUpAメソッドは変数aを前置インクリメントし、1を戻します。
その後、15行目でcountUpAメソッドを呼び出しています。同様に、変数aを前置インクリメントし、2を戻します。したがって、選択肢**B**が正解です。

21.　B、D、E

→ P265

アクセス修飾子を使ったアクセス制限に関する問題です。**private**で修飾されたメソッドは、同一クラス外からはアクセスできないことがポイントです。privateは「同一クラスからアクセス可能」であることを表すアクセス修飾子です（選択肢**B**、**D**）。たとえ、サブクラスであってもスーパークラスのprivateなメソッドにはアクセスできません（選択肢A、C）。

同一クラスからであれば、明示的に自インスタンスを参照するthis変数を使ってprivateメソッドにアクセスできます（選択肢**E**）。次のコードは、自インスタンスを参照するthis変数を使ってprivateメソッドにアクセスする例です。

例 自インスタンスを参照するthis変数を使ってprivateメソッドにアクセス

```java
public class Sample {
    void fuga() {
        this.hoge();
    }
    private void hoge() {
        // do something
    }
}
```

22. C

➡ P266

配列の添字と要素数に関する問題です。**添字は0から始まり、要素数**は、配列インスタンスの**length**を参照することに注意して解きましょう。

while文のカッコに記述できるのは条件式のみです（選択肢B、D）。
設問のコードの配列は5つの要素を持っているため、添字は0〜4となります。選択肢Aは、変数iを1で初期化し、配列の要素の長さ（5）になるまで、配列の添字にiを用いてコンソールに出力します。よって、添字1が保持している値2から順に表示されます。選択肢Cは変数iを0で初期化しているため、添字0の要素が持っている値1から順に表示されます。したがって、選択肢Cが正解です。

23. B、D

➡ P266

ポリモーフィズムの概念に関する問題です。
各選択肢については以下のとおりです。

A. インタフェースを継承し、新しいサブインタフェースを定義できます。これは新しい宣言を型に加えるために、基となるインタフェースを拡張しているにすぎません。ポリモーフィズムとは直接の関係はありません。
B. **インタフェースは型であり**、実装は提供しません。インタフェースはクラスによって実現され、そのクラスのインスタンスをポリモーフィズムで扱うことを前提としています。そのため、インタフェースの実装は、ポリモーフィズムと関係があるといえます。
C. メソッドの**オーバーロード**とは、異なるシグニチャを持つ同名のメソッド

を複数定義する「多重定義」のことで、ポリモーフィズムとは関係ありません。

D. 継承によるポリモーフィズムでは、サブクラスでメソッドを**オーバーライド**することにより、スーパークラスにはない「新しい実装」を提供します。

E. **アクセス修飾子**protectedは、同じパッケージに属するクラスやサブクラスからのアクセスを許可するものですが、ポリモーフィズムとは関係ありません。

したがって、選択肢**B**と**D**が正解です。

---

24. B　　　　　　　　　　　　　　　　　　　　　➡ P267

エントリーポイントに関する問題です。

エントリーポイントとは、プログラムを実行したときに最初に実行されるメソッドのことです。エントリーポイントは、どのようなメソッドでもいいわけではなく、次のルールに従っていなければいけません。

・publicであること
・staticであること
・戻り値を戻さないこと（voidであること）
・メソッド名はmainであること
・String配列型の引数だけを受け取ること

つまり、メソッド宣言のうち変更できるのは引数の変数名だけということになります。

設問のコードでは、mainという名前のメソッドを2つ宣言しています。それぞれの引数の型が異なるため、この2つのメソッドはオーバーロードとして扱われます。よって、コンパイルエラーは起きません（選択肢C）。

このクラスを実行すると、char配列型を受け取るメソッドではなく、前述のエントリーポイントの条件にあったString配列型の引数を受け取るほうが実行されます。このメソッドでは、起動パラメータとして受け取った文字列のうち、2つ目の「Run」をコンソールに表示します。以上のことから、選択肢**B**が正解となります。

---

25. B　　　　　　　　　　　　　　　　　　　　　➡ P268

if-else文の条件式の判定に関する問題です。

設問のコードでは、変数flagの値はfalseです。5行目のifの条件式はfalseを戻し、10行目のelseブロックの処理が実行されます。そのため、「b」と表示されます。よって、選択肢**B**が正解です。

26.　D

⇒ P268

カプセル化に関する問題です。

カプセル化は、関係するデータとそのデータを使う処理をひとまとめにすることです。関係性の強いデータと処理がまとまっていれば、仕様の変更が発生したときにその影響範囲を特定しやすくなります。また、まとめたデータと処理がほかのモジュールから独立しているため、変更の影響範囲を局所化することもできます。

このようにカプセル化は、変更に強いソフトウェアを作る基盤ともいえる設計原則であり、ソフトウェアの全ライフサイクルで維持しなければいけません。そこで、カプセル化を維持するためにデータ隠蔽を行います。**データ隠蔽**は、外部のクラスからフィールドに直接アクセスできないようにすることです。データ隠蔽の実装は、アクセス修飾子をprivateにすることで実現します。以上のことから、選択肢**D**が正解です。その他の選択肢は以下の理由により誤りです。

A. finalは定数を宣言するための修飾子であり、カプセル化とは関係ありません。
B. abstractは、抽象クラスや抽象メソッドの宣言時に使う修飾子で、カプセル化とは関係ありません。また、この修飾子でフィールドを修飾することはできません。
C. publicは、ほかのクラスに公開するための修飾子です。カプセル化を維持するためにはフィールドを隠蔽しなければいけません。

27.　C

⇒ P269

参照型変数が保持するインスタンスへの参照に関する問題です。
参照型変数は、変数名が異なっていても、同じインスタンスへの参照を保持する場合があるので注意しましょう。

設問のコード9行目で、Airlineクラスのインスタンスを生成し、変数a1にインスタンスへの参照を代入しています。10行目では、変数a1が保持しているインスタンスへの参照を変数a2に代入しています。したがって、変数a1と変数a2は、同じインスタンスを指し示します。11行目で、インスタンスフィールドに「DAL027」を代入しています。12行目で、同じインスタンスフィールドに「DAL305」を上書きしています。

次の図は、そのイメージを表したものです。

※次ページに続く

【設問のコード12行目のイメージ】

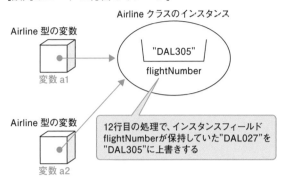

図からもわかるように、変数a1と変数a2は同じインスタンスへの参照を保持しているため、12行目の処理が終えた時点で、インスタンスフィールドは「DAL305」を保持しています。

14、15行目で、インスタンスのprintFlightNumberメソッドを呼び出し、変数flightNumberをコンソールに出力します。したがって、選択肢**C**が正解です。

28.　D　　　　　　　　　　　　　　　　　　　　　　　→ P270

配列型変数の参照の値渡しに関する問題です。

設問のコード10行目では、char配列型変数chars1にchar配列型変数chars2が保持している配列インスタンスへの参照をコピーしています。そのため、chars1とchars2は同じ配列インスタンスへの参照を保持しています。したがって、選択肢**D**が正解です。

【設問の配列型変数chars1とchars2のイメージ】

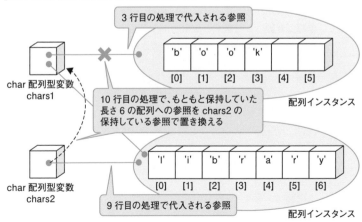

29.　A、D、E

➡ P270

情報隠蔽の概念に関する問題です。
情報隠蔽は、抽象化を維持するための設計原則です。抽象化することで共通
部分だけに着目すればよくなるため、クラス間の関係はシンプルになります。

シンプルなソフトウェアは、理解しやすく、バグを減らしやすく、そして変
更を容易にしてくれます。このシンプルなソフトウェアを維持するために、
情報を隠蔽します。ここでいう情報とは、インスタンスが持っているデータ
ではなく、ソフトウェア構造の詳細、つまり実際に動作するインスタンスの
種類（型）のことです。

情報隠蔽では、まず公開するものと、非公開にするものに分けます。Javaでは、
公開部分を**インタフェース**として定義し、**ポリモーフィズム**によって実際に
動くインスタンスの型を隠蔽します。また、非公開にしたい部分への不適切
なアクセスを防ぐために、パッケージやアクセス修飾子を使ってアクセス制
御を行います。以上のことから、選択肢**A**、**D**、**E**が正解です。

抽象化が複数のクラスの関係性に関する原則であるのに対し、選択肢Bのカ
プセル化は単独のクラスをどう作るべきかという原則です。よって、抽象化
を維持する情報隠蔽とは関係がありません。選択肢Cのアクセサメソッドは、
データ隠蔽の結果として必要になるもので、情報隠蔽とは関係がありません。
選択肢Fのインスタンス化は、オブジェクト指向全般に必要な概念であり、情
報隠蔽に特化するものではありません。

30.　E

➡ P271

do-while文の文法に関する問題です。
ループ継続の判定をする条件式と**while**キーワードは、**do**ブロックの後ろに
記述することに注意しましょう。

設問のコードは、5行目のdoの後ろにwhileが記述されているためコンパイル
エラーになります。したがって、選択肢**E**が正解です。選択肢Dは、Item配列
型変数の宣言と要素の初期化は正しく記述されているためコンパイルエラー
にはなりません。

設問のコードは、5〜7行目を次のように修正することでコンパイルできるよ
うになります。

※次ページに続く

第 8 章

総仕上げ問題（解答）

例 設問のコードの修正

```
5.  do {
6.      System.out.println(u-- + " ");
7.  } while(u > 0);
```

例 実行結果

```
3
2
1
```

31. A、D、F

クラス名に利用できる文字に関する問題です。
1文字目以降に利用できる文字は、Unicode文字、アンダースコア「_」、ドル記号「$」、2文字目以降はこれらに加えて数字（0～9）です。したがって、選択肢**A**、**D**、**F**が正解です。
パーセント記号「%」、シャープ記号「#」、ハイフン「-」は、いずれもクラス名に利用できない文字です。したがって、選択肢B、C、Eは誤りです。

32. B
→ P272

do-while文の処理の流れに関する問題です。do-while文の特徴は、ループを継続するかどうかを繰り返し処理のあとに判定する「後判定」である点です。そのため、条件判定の結果にかかわらず、**必ず1回はdoブロック内の処理が行われます**。

設問のコード3行目では、変数iを0で初期化しています。ループ継続の判定は、次の表のように考えることができます。

【設問のコードのループ】

条件判定の回数	変数iの値	条件判定（i < 3）の結果
1回目	1	true
2回目	2	true
3回目	3	false

doブロック内の処理は3回繰り返されるため、「hoge」が3回表示されます。したがって、選択肢**B**が正解です。

Javaの特徴に関する問題です。

Javaプログラミング言語には、次のような特徴があります。

・ プラットフォームに依存しない
・ アーキテクチャに依存しない
・ 自動でメモリが解放される
・ 実行時にコンパイルしながら実行する「実行時コンパイル方式」を採用している
・ マルチスレッドによる並行処理をサポートしている
・ セキュリティ性能が高い

Javaは「Write Once, Run Anywhere」の標語が示すとおり、**さまざまなプラットフォーム**で動作します（選択肢A）。

Javaは、ほかのプログラミング言語に比べて並行処理を簡単に実現できます。並行処理の実現方法には、マルチプロセスとマルチスレッドがありますが、Javaは**マルチスレッド**を採用しています（選択肢B）。

Javaでは、メモリ管理はJVM（Java Virtual Machine）の「**ガベージコレクタ**」と呼ばれる自動メモリ管理機能によって行われます（選択肢**C**）。これにより、プログラマーは煩雑なメモリ操作のためにプログラミングする必要がなくなります。これはすなわち、プログラマーがメモリを直接操作できないことを意味します（選択肢E）。

選択肢**D**のアーキテクチャとはソフトウェアを構成するクラス同士の構造のことで、ソフトウェアの用途や形態によってさまざまなアーキテクチャがあります。Javaは用途を特定しておらず、特定のアーキテクチャに依存しません。

Javaのソースコードは、コンパイラによってプログラムの実行に最適化された中間コードにコンパイルされます。実行時にはJVMがこの中間コードを読み込んでネイティブコードにコンパイルして実行します（選択肢**F**）。

以上のことから、選択肢**C**、**D**、**F**が正解です。

→ P273

34. A

オーバーロードするメソッドの定義に関する問題です。

A. メソッド名が同じで、引数の数が異なるメソッドを**オーバーロード**しています。
B. 1つ目のメソッドに、メソッド宣言に必要な戻り値型が記述されていません。メソッド宣言として無効であり、コンパイルエラーになります。
C. 引数の数、引数の型が同じであるため、オーバーロードではありません。
D. メソッド名が異なるため、別のメソッドと見なされます。

したがって、選択肢**A**が正解です。

35. D

→ P274

staticメソッドからアクセスできるフィールドの種類に関する問題です。
staticメソッドからインスタンスフィールドへは、アクセスできないので注意しましょう。

staticメソッドの特徴は、インスタンスを生成しなくても呼び出せることです。一方、インスタンスフィールドの特徴は、インスタンスごとにフィールドを持っていることです。そのため、インスタンスを必要としないstaticメソッドから、インスタンスが存在しなければいけないインスタンスフィールドにアクセスすることはできません。

設問のコード6行目で、staticメソッドからインスタンスフィールドnameにアクセスしているためコンパイルエラーとなります。したがって、選択肢**D**が正解です。

36. C、D

→ P274

継承に関する問題です。
継承は、あるクラスを機能拡張した新しいクラスを定義することです。Javaでは、1つのクラスだけを継承する単一継承をサポートしています。複数のクラスを同時に継承する多重継承はサポートしていません（選択肢B）。反対に、1つのクラスから複数のサブクラスを定義することは問題ありません（選択肢**C**）。

サブクラスはスーパークラスの定義のすべてを引き継ぐわけではありません（選択肢**D**）。サブクラスのインスタンスが、スーパークラスから引き継げないものは次の2つです。

- ・ コンストラクタ
- ・ **private**なフィールドやメソッド

どのようなクラスを継承するかは自由に決められます。また、何らかのクラスを継承したクラスをさらに継承することも可能です（選択肢A）。

37. C

switch文の処理の流れに関する問題です。**switch文**の式の値とcaseラベルの値が一致すると、そのcaseラベル以降が処理されます。**break文**が実行されると、switch文から抜けることに注意しましょう。

設問のコード5行目の式には、'b' を保持した変数cを設定しています。これは9行目のcaseラベルの値と一致するため、10行目が処理されて「B」と表示されます。caseラベルに一致すると以降の行も処理されるため、続いて12行目が処理されて「C」と表示されます。その後、13行目のbreak文が実行され、switch文から抜けます。したがって、選択肢**C**が正解です。

38. B

コードにおけるポリモーフィズムの表現に関する問題です。
インスタンスを抽象化し、共通の型で扱うことを、オブジェクト指向では「ポリモーフィズム」と呼びます。どのような型でインスタンスを扱ったとしても、動作するのは**インスタンス**（実装）そのものです。ポリモーフィズムに関する問題では、変数の型ではなく、どの型のインスタンスを生成したかを確認しましょう。

設問のコードでは、Employeeクラスを継承して、Managerクラスを定義しています。そのため、ポリモーフィズムを使えば、ManagerのインスタンスはEmployee型で扱うことが可能です。

設問のManagerクラスの6行目では、Managerクラスのインスタンスを生成しています。その後、7行目でEmployee型の変数eにManagerのインスタンスへの参照を代入しています。このようにManagerのインスタンスをEmployee型で扱ったとしても、実際に動作するのはManagerのインスタンスです。よって、Mainクラスの8行目で呼び出しているdispメソッドは、Managerクラスに定義されたメソッドが実行されます。したがって、選択肢**B**が正解です。

Managerクラスのdispメソッドでは、スーパークラスのメソッド呼び出しをしていません。よって、選択肢CやDのようにEmployeeクラスのdispメソッドが実行されることはありません。コンソールに「Manager」と「Employee」

と表示するには、次のようにsuperキーワードを使ってスーパークラスのメソッドを呼び出します。

例 スーパークラスのメソッド呼び出し

```java
public void disp() {
    super.disp();
    System.out.println("Manager");
}
```

このコードであれば、スーパークラスのdispメソッドが「Employee」と表示したあとに「Manager」が表示されます。

39. B

継承に関する問題です。
継承は、あるクラスを機能拡張した新しいクラスを定義することです。スーパークラスとサブクラスは別のクラスであるため、スーパークラスで定義したフィールドやメソッドと同じ名前のものを定義することができます（選択肢B、D）。

コンストラクタはメソッドの一種ではありますが、コンストラクタを定義したクラスのインスタンスを初期化するための特別なメソッドです。そのため、サブクラスにスーパークラスのコンストラクタを定義することはできません（選択肢A、C）。

40. C

staticフィールドに関する問題です。
staticフィールドは、クラス単位で管理されることに注意して解きましょう。

設問のコード5行目のコンストラクタで、staticフィールドcountを前置インクリメントしています。これにより、Counterクラスのインスタンスを生成するたびに、countがインクリメントされます。
9、10行目で、インスタンスを計2個生成したあと、countは2を保持しています。
したがって、選択肢Cが正解です。

41. D、E

インスタンス生成の記述方法に関する問題です。

インスタンスの生成は、「`クラス名 変数名 = new クラス名();`」という形式で記述します。よって、選択肢**D**は正解です。
選択肢Cの「`new Book()`」は、Bookクラスのコンストラクタを呼び出しています。BookクラスはItemクラスを継承しているため、ポリモーフィズムにより変数itemはItem型で扱うことができますが、実際に生成されるのはBook型のインスタンスです。よって、誤りです。

選択肢AとBは、インスタンスへの参照を代入するための変数を宣言しただけで、インスタンスは生成されていません。よって、誤りです。選択肢Aのコードはコンパイル可能ですが、実行すると例外NullPointerExceptionがスローされます。また、選択肢Bのコードは変数itemが初期化されていないというコンパイルエラーになります。

選択肢**E**のコードはインスタンスを生成していますが、その参照を変数に代入していません。インスタンスへの参照が保持されていないため、インスタンスのメソッドを呼び出すことはできません。一般的に、インスタンスへの参照は変数へ代入し、その後、メソッド呼び出しに利用します。

以上のことから、選択肢**D**と**E**が正解です。

42. C

サブクラスに何が引き継がれるかを問う問題です。
継承関係にあっても、privateなフィールドやメソッドとコンストラクタは引き継がれません。また、サブクラスのインスタンスは、スーパークラスのインスタンスと差分のインスタンスの2つで構成されています。そのため、設問のSubClassクラスのインスタンスは、次のイメージのような構造だと考えましょう。

【設問のSubClassのインスタンスのイメージ】

図からわかるとおり、SuperClassクラスのtestメソッドがアクセスするのは、自インスタンスのインスタンスフィールドnumです。そのため、コンソールには10が表示されます。したがって、選択肢**C**が正解です。

なお、図のとおり、別々のインスタンスが作られるため、スーパークラスとサブクラスで同名のフィールドを定義することは可能です。よって、選択肢Aのようにコンパイルエラーが発生することはありません。

43. B → P279

if-else if-else文の文法に関する問題です。
if、**else if**いずれかの条件式がtrueの場合、対応する各ブロックの処理が実行されます。いずれの条件も一致しない場合、**elseブロック**の処理が実行されます。
設問のコード3、4行目では、変数x、yをそれぞれ、値3、5で初期化しています。6行目の条件式「x != 3」の結果はfalseとなるため、7行目は実行されません。8行目の条件式「y > x」の結果はtrueとなるため、9行目が実行されます。else ifブロックの処理が実行されているため、10、11行目は実行されません。したがって、選択肢**B**が正解です。

44. E → P280

if-else if-else文の文法に関する問題です。
条件式の結果は、**boolean型**の値でなければいけないことに注意しましょう。設問のコード10行目の「x = y」は、変数に値を代入しているだけで、結果はboolean型の値でありません。このため「互換性のない型」としてコンパイルエラーになります。したがって、選択肢**E**が正解です。「変数xとyが等しければ」という条件式にするためには、「x == y」と修正します。

45. D → P281

整数値を扱うデータ型が保持できる値に関する問題です。
データ型が保持できる値の範囲を次に示します。

【データ型】

データ型	ビット数	保持できる値
byte	8	-128〜127
short	16	-32,768〜32,767
int	32	-2,147,483,648〜2,147,483,647
long	64	-9,223,372,036,854,775,808〜9,223,372,036,854,775,807

設問のコード3行目のbyte型変数は、-120を保持できます。4行目のshort型変数は、90,000を保持できません。5行目のint型変数は、-20,000,000を保持できます。6行目のlong型変数は、920,000,000を保持できます。なお、数値リテラルの後ろに明示的に「L」を記述すると、long型の値として扱われます。
したがって、選択肢**D**が正解です。

拡張for文の文法に関する問題です。コロンの前後の記述方法に注意して解きましょう。コロンの後ろの式は、**配列かjava.lang.Iterableのサブタイプ**を戻さなければいけません。コロンの前には、式で戻される集合から要素を1つずつ取り出して代入するための変数を宣言します。

各選択肢については以下のとおりです。

A. 変数strの宣言に型が記述されていないため誤りです。
B. コロンの前に配列型変数arrayが記述されているため誤りです。
C. 拡張for文の文法にのっとっています。
D. 式に配列型の記述は不要です。よって、誤りです。
E. コロンの前に配列型変数arrayを記述しています。また、配列型の記述も不要です。よって、誤りです。

したがって、選択肢**C**が正解です。

オーバーロードされたメソッドの定義に関する問題です。
処理結果を考える前に、**オーバーロードされたメソッドの定義**を次のポイントで確認しましょう。

・ メソッド名が同じ
・ 引数の数、型、順番が違う

設問のコード2、5行目で、beforeTaxesという名前のメソッドを定義しています。どちらのメソッドも、引数はint型の変数が1つ記述されています。この2つのメソッドは、オーバーロードではなく、同じシグニチャのメソッドと認識され、コンパイルエラーとなります。したがって、選択肢**D**が正解です。

48. B ➡ P283

型の互換性に関する問題です。
SubClassクラスは、SuperClassクラスを継承しているため、**ポリモーフィズム**を使えばSubClassクラスのインスタンスをSuperClass型で扱うことができます。そのため、コンパイルエラーが発生することはありません（選択肢C）。設問のように変数の型と生成しているインスタンスの型が異なる場合、その互換性を確認しましょう。

ポリモーフィズムを使っている問題で、実行時に例外がスローされる可能性があるのはダウンキャスト時です。なぜなら、スーパークラスのインスタンスをサブクラス型で扱うことはできないためです。設問のコードではダウンキャストではなく、アップキャストをしているため、実行時に例外が発生することはありません（選択肢D）。

設問のSampleクラスの3行目では、SubClassクラスのインスタンスを生成し、それをSuperClass型で扱っています。SubClassクラスでは、SuperClassクラスに定義しているtestメソッドをオーバーライドしています。そのため、SubClassクラスのインスタンスが実行するtestメソッドは、インスタンスを何型で扱おうともオーバーライドしたtestメソッドです。以上のことから、設問のコードをコンパイル、実行するとコンソールには「sub」と表示されます。したがって、選択肢**B**が正解です。

49. D ➡ P283

抽象クラスに関する問題です。
抽象クラスは、インタフェースと具象クラスの両方の性質を持ったクラスです。具象クラスとの違いは、抽象メソッドを持てるかどうかという点です。抽象クラスは、**抽象メソッドと具象メソッドの両方**を持つことができます。ただし、必ず抽象メソッドを持たなければいけないわけではありません（選択肢E）。

抽象メソッドは、インタフェースと同じように、実装を持たないメソッド宣言のことです。つまり、メソッドの宣言だけで、「どのように動作すべきか」という実装を持ちません。メソッドの実装は、継承したサブクラスが提供します。したがって、抽象クラスは、**継承されることが前提のクラス**だといえます（選択肢C）。

抽象メソッドは、具象メソッドと区別をするために、明示的に**abstract**で修飾しなければいけません。abstractで修飾されていないと、実装し忘れた具象メソッドと解釈され、コンパイルエラーになります。よって、暗黙的に

public abstractとした選択肢Aは誤りです。

抽象クラスは、メソッド宣言時にabstractで修飾すると、具象メソッドのほか
に抽象メソッドを定義できること以外は具象クラスと変わりません。そのた
め、インタフェースのようにフィールドが暗黙的にstatic finalで修飾されるこ
ともありません（選択肢B）。

抽象クラスは、**インスタンス化できません**。抽象メソッドは実装を持たない
ため、インスタンス化しても実行できないからです。したがって、選択肢**D**
が正解です。

50. D → P284

参照型の型変換に関する問題です。
あるクラス型の変数を、実現関係や継承関係にある上位の型に変換すること
を「**アップキャスト**」と呼びます。反対に、実現関係や継承関係にある下位
の型に変換することを「**ダウンキャスト**」と呼びます。

コンパイラは、ポリモーフィズムにより互換性があるかどうかをコンパイル
時に確認し、互換性があると判断すればアップキャストを自動的に行います。
一方、ダウンキャストは自動的には行えません。ダウンキャストするには、
プログラマーが明示的にキャスト式を記述しなければいけません。明示的に
キャスト式を記述することは、コンパイラに「互換性の問題はない」と保証
することになります。これにより、インスタンスと変数の型に互換性がある
か否かに関係なく、コンパイルは成功します。

設問のmainメソッドでは、SuperClassクラスのインスタンスを生成し、
SuperClass型の変数で扱っています。7行目で、SuperClass型の変数が保持して
いる参照をSubClass型にダウンキャストしていますが、キャスト式を記述し
ているため、コンパイルエラーは発生しません。しかし、実際に動作してい
るのはSuperClassのインスタンスであり、SubClassとしての差分を持っていな
いため、実行時に例外（ClassCastException）がスローされます。したがって、
選択肢**D**が正解です。

51. C → P285

スーパークラスのインスタンスへのアクセス方法について問う問題です。
スーパークラスのフィールドやメソッドにサブクラスからアクセスするに
は、**super**を使います。「super.メソッド名」や「super.フィールド名」でスーパー
クラスのインスタンスのメソッドやフィールドにアクセスできます。よって、
選択肢EとFは誤りです。また、選択肢AやDは、スーパークラスのコンストラ

クタやオーバーロードした自クラスの別のコンストラクタを呼び出します。よって、誤りです。

アクセス修飾子privateが付いていないスーパークラスのフィールドと同じ名前で、サブクラスのフィールドを定義した場合、フィールドのオーバーライド（再定義）と見なされます。選択肢Bのようにthisを使うと、SubClassクラスに定義したフィールドが使われます。スーパークラスに定義したフィールドを参照する場合には、superを使います。よって、選択肢**C**が正解です。

52. C、E、G → P285

配列の宣言に関する問題です。
配列型変数の宣言には、データ型の後ろに角カッコ「[ ]」を記述します。また、配列インスタンスを生成する際、角カッコ内に要素数を指定することに注意して解きましょう。

各選択肢に関する説明は以下のとおりです。

A. 配列宣言のデータ型の後ろに角カッコが記述されていません。
B. 要素数を指定する箇所が角カッコで記述されていません。
C. 配列型変数の宣言と配列インスタンスの生成は、文法にのっとって正しく記述されています。
D. 配列型変数の宣言では、要素数を記述できません。
E. 配列型変数の宣言と同時に、配列インスタンスの生成と初期化をしています。文法にのっとって正しく記述されています。
F. 配列インスタンスの生成には、カッコは必要ありません。
G. 配列型変数の宣言、配列インスタンスの生成は、文法にのっとって正しく記述されています。

したがって、選択肢**C**、**E**、**G**が正解です。

53. B → P286

while文の処理の流れに関する問題です。
条件式の結果がtrueである間、**whileブロック**内の処理が実行されます。

設問のコード3行目では、変数iを1で初期化しています。4行目の条件式では、iを後置インクリメントした結果が5よりも小さい間、繰り返すとしています。ループを繰り返すたびに変数iはインクリメントされるので、条件判定の回数とiの値の変化を次のように考えて、ループ継続の条件を判定しましょう。

【設問のコードのループ】

条件判定の回数	変数iの値	条件判定（i < 5）の結果
1回目	1	true
2回目	2	true
3回目	3	true
4回目	4	true
5回目	5	false

上記のとおり、ループを4回繰り返すので、「hoge」が4回表示されます。し
たがって、選択肢**B**が正解です。

54.　E ➡ P286

演算の優先順位に関する問題です。
カッコ「( )」で囲まれた演算が優先的に処理されることに注意しましょう。

設問のコード4行目では、まずカッコで囲まれた「x = 2」を実行し、xに2を
代入します。次に、「x = 2」の結果に、xを加算した結果（4）を変数yに代
入します。したがって、選択肢**E**が正解です。

55.　A ➡ P287

staticメソッドからのstaticメソッド呼び出しに関する問題です。

staticメソッドからは、同じクラスのstaticフィールドやstaticメソッドにアク
セスできます。staticメソッドから、インスタンスフィールドやインスタンス
メソッドにはアクセスできないので注意しましょう。

設問のコード3行目では、staticメソッドのmainから、同じクラスに定義され
たsubtractメソッドを呼び出しています。staticメソッドから呼び出せるメソッ
ドはstaticメソッドでなければならないので、空欄にはstaticが入ります。した
がって、選択肢**A**が正解です。
選択肢Bのfinal、選択肢Cのpublicで修飾すると、インスタンスメソッドとな
ります。したがって、コンパイルエラーとなります。なお、finalキーワード
で修飾されているメソッドは、オーバーライドできません。
選択肢Dのvoidは、戻り値型に記述するキーワードです。戻り値はすでにint
と記述されているため、コンパイルエラーとなります。

56.　D　　　　　　　　　　　　　　　　→ P287

ローカル変数のスコープに関する問題です。変数が保持している値を確認する前に、その変数の**スコープ**を確認しましょう。

変数xは、mainメソッドのブロック内で宣言しているため、xを利用できるのは3〜6行目です。8行目でxをインクリメントしていますが、xを利用できる範囲外のためコンパイルエラーとなります。したがって、選択肢**D**が正解です。

57.　A　　　　　　　　　　　　　　　　→ P288

インタフェースの定義に関する問題です。
第5章の解答11で説明したとおり、**インタフェース**は情報隠蔽の実現のために使います。情報隠蔽は、ソフトウェアを公開する部分と非公開にする部分に分け、非公開にする部分にアクセスできないよう制御することです。インタフェースは、公開する部分を定義するために使います。そのため、インタフェースに定義するフィールドやメソッドは**public**でなければいけません。よって、選択肢Bは誤りです。

また、publicであると同時に、インタフェースに定義するフィールドは暗黙的に**final static**で修飾されます。これは、インタフェースは実装を持たず、フィールドの初期化処理ができないため、定数でかつインスタンスを作らなくても持てるstaticでなければいけないからです。よって、初期化を行っていないフィールドを定義している選択肢Cも誤りです。また、フィールドはabstractにできません。よって、選択肢Dも誤りです。

インタフェースに定義するメソッドは暗黙的に**public abstract**で修飾されます。そのため、選択肢Aのようにこれらの修飾子を省略しても問題ありません。以上のことから、選択肢**A**が正解です。

58.　A、C　　　　　　　　　　　　　　→ P288

コンストラクタに関する問題です。
サブクラスは、スーパークラスに定義したフィールドやメソッドを引き継ぎます。ただし、サブクラスのインスタンスは、次の2つをスーパークラスから引き継げません。

・　コンストラクタ
・　**private**なフィールドやメソッド

コンストラクタは、そのコンストラクタが定義されているクラスのインスタ

ンスの準備をするためのメソッドです。よって、スーパークラスのコンストラクタがサブクラスに引き継がれることはありません（選択肢**A**）。

コンストラクタの定義には、次の3つのルールがあります。

- **コンストラクタ名はクラス名と同じであること**
- **インスタンス生成時にしか使えない**
- **戻り値型を記述できない**（選択肢B）

コンストラクタは、上記のようなルールを持つ以外は通常のメソッドと変わりません。そのため、publicやprotected、デフォルト、privateのいずれのアクセス修飾子も使えます（選択肢**C**）。

コンストラクタの目的は、インスタンスの準備です。ほかのインスタンスから使われる前に、事前に準備すべきことがあればコンストラクタで処理します。コンストラクタで必ずしもすべてのフィールドを初期化する必要はありません（選択肢D）。

59. C ⇒ P289

抽象クラスに定義した抽象メソッドの実装に関する問題です。
抽象クラスは、インタフェースと具象クラスの両方の性質を持っています。具象クラスとの違いは、抽象メソッドを持てるかどうかという点です。抽象メソッドは、インタフェースに定義したメソッドの宣言と同じように、その抽象クラスを継承したサブクラスが実装しなければいけません。そのため、printメソッドを宣言している選択肢DとEは誤りです。

抽象メソッドを実装するときには、メソッドの**オーバーライド**と同じルールが適用されます。オーバーライドのルールには、次の3つがあります。

- メソッドのシグニチャがスーパークラスのものと同じであること
- 戻り値の型がスーパークラスのメソッドと同じか、サブクラスであること
- メソッドのアクセス制御がスーパークラスと同じか、それよりも緩いこと

選択肢Aのメソッドは、アクセス修飾子が省略（デフォルト）されていますが、スーパークラスのメソッドはpublicで宣言しています。これは3番目のルールに違反しているため、誤りです。

選択肢Bのメソッド宣言で使っているabstract修飾子は、抽象メソッドであることを示す修飾子で、具体的な実装を持つ具象メソッドには使えません。よって、選択肢Bも誤りです。

選択肢Cは、シグニチャ、戻り値、アクセス修飾子のすべてが同じであり、オーバーライドのルールを満たしています。よって、正解です。

→ P290

60. C

==演算子と同一性に関する問題です。
Javaでは**コンスタントプール**という仕組みを使い、同じ**文字列リテラル**によって生成されるStringのインスタンスを使い回しています。
設問のコードでは、3行目と4行目で同じ文字列リテラル "abc" を異なる変数に代入しています。3行目のコードで生成されたStringのインスタンスへの参照は4行目で使い回しされるため、これらのコードは次と同じ意味を持ちます。

例 変数s1が持つインスタンスへの参照をs2に代入

```
String s1 = "abc";
String s2 = s1;
```

このコードでは、変数s1で扱っている参照を変数s2に代入しているため、これらの2つの変数は同じインスタンスへの参照を持っていることになります。よって、7行目のif文の条件式はtrueを戻し、コンソールには「s1 == s2」と表示されます。

設問のコードの5行目では、文字列リテラルではなく、newキーワードを使ってStringのインスタンスを生成しています。このように記述した場合は、たとえ同じ文字列であってもインスタンスへの参照を使い回すことはありません。よって、変数s3は、変数s1やs2とは異なるインスタンスへの参照を持ちます。

==演算子は、変数の内容（インスタンスへの参照）が同じかどうかを比較します。そのため、13行目のif文の条件式では==演算子を使ってs1とs3の同一性を判定し、falseを戻します。よって、コンソールには「s1 != s3」が表示されます。

以上のことから、選択肢**C**が正解となります。

UML の読み方について

　本書では、解説に UML を使っています。Java 言語の初心者にとって、分析や
設計に使われる UML はなじみがないかもしれません。そこで、ここでは本書の
解説で使っている UML の図の読み方について解説します。ただし、本書は「Java
SE Bronze」試験の受験対策教材ですので、本書の内容を理解する上で必要最小限
の内容にとどめます。より詳細な情報は、ほかの専門書を参照してください。

UMLについて

　UML は Unified Modeling Language（統一モデリング言語）の略で、オブジェク
ト指向分析・設計において使う図の表記法を規定したものです。現在、ソフトウェ
ア開発において UML は事実上の標準として使われており、Java をはじめとする
オブジェクト指向プログラミング言語を使う開発者にとって不可欠なものになって
います。また、UML は世界中で使われているため、オフショア開発などグローバ
ル化する開発プロジェクトでは、言葉の壁を乗り越える有効な手段として認知され
ています。

　UML には、合計 13 種類の図の記法が定められています。1 つの図ですべてを表
そうすると、複雑になりすぎ、間違いが多発したり読み解く時間が大幅にかかって
しまったりするため、13 の記法を用途ごとに使い分けます。本書では、13 種類の
図のうち、クラス図だけを取り上げます。

　クラス図は、クラス同士の関係を表す図です。実際に動作するソフトウェアでは、
インスタンス同士が関係し合いながら処理を進めますが、インスタンス単位で図を
表すと、その数が膨大になってしまうため全体像が理解できません。そこでクラス
同士の関係を描いて、より簡潔に全体像を表現するのがクラス図です。

　クラスの表記の仕方は、次の図のように 1 つの四角形を 3 つの**区画**に区切って記
述します。区画には、それぞれクラス名、**属性**（フィールド）の一覧、**操作**（メソッ
ド）の一覧を記述します。なお、属性の一覧と操作の一覧は省略可能です。

【クラス図の表記の仕方】

すべての表記
クラス名
属性の一覧
操作の一覧

操作を省略
クラス名
属性の一覧

属性と操作の両方を省略

クラス名

　属性区画には、そのクラスが持つ属性の一覧を記述します。属性は「**属性名：デー夕型**」というように、属性名とデータ型をコロンで区切って表記します。同様に操作区画には、操作の一覧を記述します。操作は「**操作名（引数名：データ型）：戻り値型**」のように表記します。また、属性や操作には「**可視性**」という外部のクラスから扱えるかどうかというJavaのアクセス修飾子に相当する情報が付きます。

【可視性の表記】

可視性	アクセス修飾子	意味
+	public	すべてのクラスからアクセス可能
#	protected	同じパッケージかサブクラスからアクセス可能
~	なし（デフォルト）	同じパッケージに属するクラスからアクセス可能
-	private	そのクラス自身からのみアクセス可能

　クラス図と Java のコードのマッピングは、次のようにします。

【クラス図とコードのマッピング】

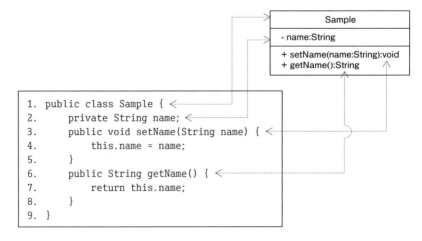

複数のクラスの間にある利用関係のことを「**関連**」と呼びます。関連は実線で表し、AクラスとBクラスの間に関連がある場合には、次のように記述します。

【関連】

　AクラスとBクラスに関連があったとき、それらのクラスから作られたインスタンスがいくつ関係するかという数を表したものを「**多重度**」と呼びます。多重度の表記には、次の表のように数を指定します。

【多重度の表記】

多重度	意味
1	厳密に1
*	複数
0..*	0以上
0..1	0または1
1..*	1以上
2..5	範囲指定（2から5まで）
1, 3, 5	1、3、5のいずれか1つ

　たとえば、次のようなクラス図があったときには、多重度は次のように読み解きます。

【多重度】

・Aのインスタンスが1つあったとき、Bのインスタンスは1つ関係するか、まったく関係しない
・Bのインスタンスが1つあったとき、Aのインスタンスは1つ関係する

　多重度は、相手側の**関連端**に記述することに注意してください。

　たとえば、AがBを使っているという関係があるとき、それを表すクラス図をコードにマッピングすると、次のようにB型のフィールドをAクラスに定義します。このとき、変数名には関連端名を使います。

【関連端】

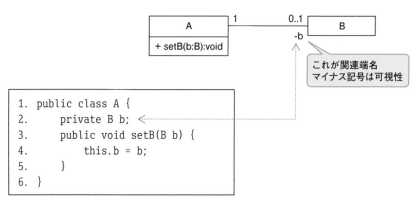

```
1.  public class A {
2.      private B b;
3.      public void setB(B b) {
4.          this.b = b;
5.      }
6.  }
```

クラス同士の関係には、この関連以外にも「**依存**」と呼ばれる関係があります。依存関係は、一時的に利用する関係を表しています。Javaのコードではメソッドの中で生成したインスタンスや、メソッドの引数で受け取るような関係を表します。UMLでは、このような関係を破線の矢印で表現します。

【依存】

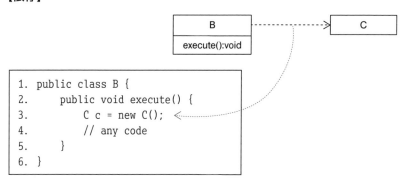

```
1.  public class B {
2.      public void execute() {
3.          C c = new C();
4.          // any code
5.      }
6.  }
```

関連や依存といった利用関係のほかに、クラスの継承やインタフェースの実現といった構造を表す関係もあります。インタフェースをあるクラスが実現していた場合、クラス図では白抜きの破線矢印で関係を描きます。また、あるクラスを継承していた場合には、白抜きの実線矢印で関係を描きます。

次のクラス図は、インタフェースの実現と抽象クラスの継承を描いた図です。インタフェースには《interface》というステレオタイプ、抽象クラスには{abstract}というプロパティを付けてクラスとの違いを表現している点にも注意してください。

【インタフェース、抽象クラス】

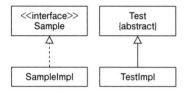

索引

索引

331

332

索引

マ行

ヤ行

ラ行・ワ行

■著者

志賀澄人（しが・すみひと）

Twitter :@betteroneself

1975年生まれ。異業種の営業からIT業界に転身。プログラマー、SEを経て、教育の道へ。株式会社豆蔵にてコンサルティングに従事したあと、2010年に株式会社アイ・スリーを設立。技術研修では、「わかる=楽しい=もっと知りたい」を実感できる講座を、京都人ならではの「はんなり関西弁」で実施している。受講する人に合わせてダイナミックに変化しつづけるアドリブ熱血講義と豊富な経験をもとにした個人ごとの手厚いフォローで、厳しい目標設定を心が折れることなく達成させる研修に定評がある。Youtubeチャンネル「黒本先生のやさしくないJava!?」で、ライブ感のある解説動画を配信中。

Youtubeチャンネル「黒本先生のやさしくないJava!?」
https://www.youtube.com/channel/UC42DIV-0RDb6fJ8A3lbAang

山岡敏夫（やまおか・としお）

1977年神奈川県横浜市生まれ。2001年大学院修了後、電機メーカーグループにてPDM/PLMシステムの開発に従事する。2006年株式会社豆蔵（現職）に移籍。学生時代からの願望であった教育関連の職に就く。IT技術コンサルティングが主である豆蔵では特異で、教育に強い興味を持つ。現在、技術研修の企画、提案、講師、教材開発など、教育関連をマルチに担当する。インストラクショナル・デザインを大学院で学び、その学びを研修開発・運営に適用・実践している。

STAFF

編集	坂田弘美（株式会社ソキウス・ジャパン）
制作	波多江宏之（耕文社）
表紙デザイン	馬見塚意匠室
	阿部 修（G-Co. Inc.）
デスク	千葉加奈子
編集長	玉巻秀雄

本書のご感想をぜひお寄せください
https://book.impress.co.jp/books/1119101075

読者登録サービス
CLUB IMPRESS

アンケート回答者の中から、抽選で図書カード（1,000円分）
などを毎月プレゼント。
当選者の発表は賞品の発送をもって代えさせていただきます。
※プレゼントの賞品は変更になる場合があります。

■商品に関する問い合わせ先

このたびは弊社商品をご購入いただきありがとうございます。本書の内容などに関するお問い
合わせは、下記のURLまたは二次元バーコードにある問い合わせフォームからお送りください。

https://book.impress.co.jp/info/

上記フォームがご利用いただけない場合のメールでの問い合わせ先
info@impress.co.jp

※お問い合わせの際は、書名、ISBN、お名前、お電話番号、メールアドレス に加えて、「該当する
ページ」と「具体的なご質問内容」「お使いの動作環境」を必ずご明記ください。なお、本書の範囲
を超えるご質問にはお答えできないのでご了承ください。

- ●電話やFAX でのご質問には対応しておりません。また、封書でのお問い合わせは回答までに日数をいただく場合があります。あらかじめご了承ください。
- ●インプレスブックスの本書情報ページ https://book.impress.co.jp/books/1119101075 では、本書のサポート情報や正誤表・訂正情報などを提供しています。あわせてご確認ください。
- ●本書の奥付に記載されている初版発行日から3年が経過した場合、もしくは本書で紹介している製品やサービスについて提供会社によるサポートが終了した場合はご質問にお答えできない場合があります。

■落丁・乱丁本などの問い合わせ先
FAX　03-6837-5023
service@impress.co.jp
※古書店で購入された商品はお取り替えできません。

徹底攻略 Java SE Bronze 問題集 [1Z0-818] 対応

2020 年 6 月 21 日　初版第 1 刷発行
2024 年 9 月 11 日　第 1 版第 9 刷発行

著　者　志賀澄人／山岡敏夫

編　者　株式会社ソキウス・ジャパン

発行人　小川 亨

編集人　高橋隆志

発行所　株式会社インプレス
　　　　〒 101-0051　東京都千代田区神田神保町一丁目 105 番地
　　　　ホームページ　https://book.impress.co.jp/

本書は著作権法上の保護を受けています。本書の一部あるいは全部について（ソフトウェア及びプログラムを含む）、株式会社インプレスから文書による許諾を得ずに、いかなる方法においても無断で複写、複製することは禁じられています。

印刷所　日経印刷株式会社

ISBN978-4-295-00895-8　C3055

Printed in Japan